ZOUJIN
GoC DE
BIANCHENG
SHIJIE

走进 GoC 的编程世界

江 涛　陈茂贤 / 主编

编委会

主　编	江　涛	陈茂贤		
编写人员	江　涛	李慧琳	黄明燕	周朝京
	梁海仪	林丽芳	吴超艺	朱蔼玲
	周肖敏	林　华	林淑慧	罗子颖
	陈志峰	陈茂贤		

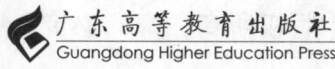

广东高等教育出版社
Guangdong Higher Education Press
·广州·

图书在版编目（CIP）数据

走进GoC的编程世界／江涛，陈茂贤主编. —广州：广东高等教育出版社，2022.2（2024.6重印）

ISBN 978 - 7 - 5361 - 7207 - 4

Ⅰ. ①走… Ⅱ. ①江… ②陈… Ⅲ. ①程序设计 - 少儿读物 Ⅳ. ①TP311.1-49

中国版本图书馆CIP数据核字（2021）第 280498 号

责任编辑：黄冬萍
美　　编：阿　丁
责任校对：施　仁

走进 GoC 的编程世界

广东高等教育出版社出版发行

地址：广州市天河区林和西横路

邮编：510500　电话：（020）87554153

网址：www.gdgjs.com.cn

广州市新思程印刷有限公司印刷

787 毫米 × 1 092 毫米　16 开本　11.5 印张　133 千字

2022 年 2 月第 1 版　2024 年 6 月第 2 次印刷

定价：45.00 元

前　言

　　思维可视化，代码编程不用怕！自编程软件"GoC"诞生以来，其数形码结合、易学易创的特点获得了编程入门者的广泛认可与推崇，随后网页版本的"GoC"便应运而生。网页版本的"GoC"是"GoC"的继承与发展，真正让学习可随时随地发生，只要用手机、IPAD 或电脑登录网站，就可进行在线编程学习了。

　　在本书中，编者以网页版本的"GoC"为平台，为你精心安排了"参观科技馆"和"感受中国节日"之旅。这趟旅程，将带你从"网上科技展"开始，饱览无人驾驶汽车、氖气灯管、交通安全警示系统、无叶风扇、无人机、智能机器人、全息投影、自动感应、高铁列车、环形空间站等各式各样的高科技产品，从中学会前进、转弯、变色、显示图片、输入数据、判断、重复等编程技能，用 GoC 中神奇的画笔创作出心仪的科技产品，体验一番"画笔生辉，科技强国"的学习乐趣。随后，我们继续顺着时光穿梭神奇的 GoC 编程世界，游历中华民族的盛大节日，在这片神奇的领地里自由畅想、尽情挥洒，用编程"魔笔"在春节"贴春联"，在元宵节"猜灯谜"，在植树节"植树造林"，在清明节"鲜花祭英烈"，在劳动节"致敬城市美容师"，在儿童节"玩转摩天轮"……在元旦跨年夜观看"跨年倒数"迎接幸福快乐的新一年，通过编程创作，领略中华民族优秀传统文化的无穷魅力。

在本书编写中，编者为你精心安排了"大胆试""细心想""齐交流""小锦囊""显身手""创意园""评价栏"等学习活动及课后巩固、拓展和评价环节，通过多种形式的学习活动，让你动手、动脑、动口，不但学到 GoC 编程的基本知识，更获得编程解决问题的能力和思维方法。在此我们特别提醒你：在学习时要避免死记硬背基本知识，应围绕问题解决为核心来展开学习活动。

在使用本书时，可以采用以下两种方式之一进行同步编程训练：

● 直接登录网站"http://www.51goc.com"，进入相应的栏目开展编程训练。

● 从网站"http://www.51goc.com"中下载与本书配套的编程资源服务器文件包，解压到你的电脑或与你的电脑、手机、IPAD 构成局域网的另一台电脑上，然后运行其中的"Goc 服务器 .exe"文件启动资源服务器，再在你的设备上输入服务器所提示的网址登录网站，就可以配合本书开展 GoC 编程训练了。如果要向本服务器导入新图片，请打开路径"app>>srtatic>>gocWebNet>>drawNet>>pub"，把文件拷贝进去即可。

最后，编者在此衷心祝愿获得本书的每一位读者，在编程学习与研究的道路上，创出一片新天地，无愧于人工智能新时代赋予我们的重要使命！

编 者

2022 年 2 月

目 录

感受中国节日：GoC 编程进阶

参观科技馆：
GoC 编程入门

现代科技迅猛发展，让我们的生活更加美好。在本单元中，我们将以参观科技馆为主题开展学习活动，科技馆中琳琅满目的高新科技产品定能令你流连忘返。有了 GoC 软件，我们就能编程，把无人驾驶汽车、氖气灯管、交通安全警示系统、无叶风扇、无人机、智能机器人、全息投影、自动感应、高铁列车、环形空间站等各种高科技产品"画"出来，体验编程的乐趣，感受科技的魅力。

◎ 我的学习任务

- 掌握前进、后退、转弯、抬笔、落笔等画笔基础命令的使用
- 会编程画矩形、椭圆等几何图形和显示图片
- 学会使用变量，以及向变量输入数据等命令的使用
- 初步学会顺序结构、分支结构、循环结构程序的编写
- 会运用 GoC 编程创作简单的绘画作品

第1课 网上科技展

——欣赏 GoC 编程作品

"编程向未来，科技强国梦"，小 C 通过科技馆官网的导览系统看到了丰富多彩的科技作品展示。它们都是用 GoC 编程制作出来的。让我们跟随小 C 一起欣赏这些作品，感受用 GoC 编程绘图的乐趣吧！

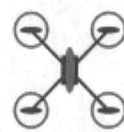

图 1-1

一、观看科技作品演示

科技馆导览系统上的作品演示程序真多！有无人驾驶汽车、氖气灯管、安全语音提示桩、无叶风扇、无人机、智能机器人、全息投影、自动感应门、高铁列车、环形空间站等一大批作品演示程序。

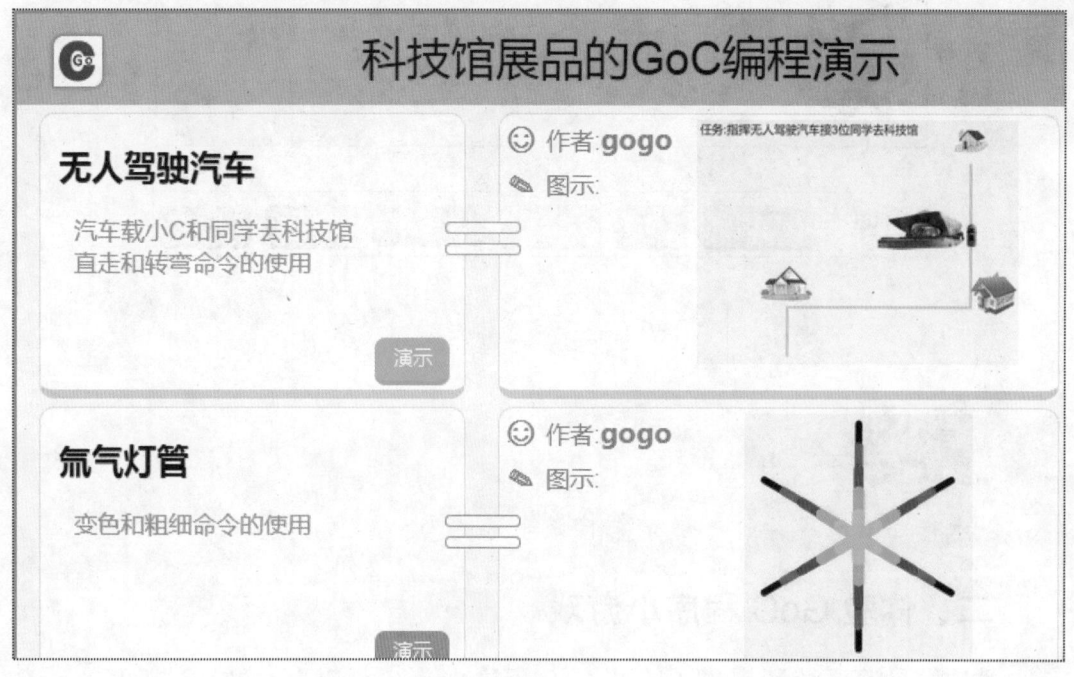

图 1-2

登录配套教材的学习网站，通过"课程"选项卡进入第 1 课，在"作品演示"页面分别单击各个作品的"演示"按钮，运行 GoC 程序并观看作品演示。

图 1-3

以上作品真有趣，你知道是怎样做出来的吗？

二、体验 GoC 程序小游戏

科技馆导览系统还提供了一些 GoC 程序小游戏，让我们试一试吧！

进入教学网站第 1 课的"游戏"，动手玩一玩用 GoC 编写的小游戏。

"万花筒"游戏

1 ★	3+2=	5
2 ★	9+6=	15
3 ★	3+10=	13
4 ★	25+62=	87
5 ★	957+290=	

"加法练习"游戏

图 1-4

三、认识 GoC

上面的作品都是 GoC 程序运行的结果，那么 GoC 程序"长"什么样？又在哪里编写呢？

（一）初识 GoC 程序

GoC 程序就是用 GoC 语言编写而成的一组代码，让计算机执行这组代码，就能得出所要的结果。例如，执行表 1-1 中左边的程序，就能画出表中右边的美丽图案。

表 1-1

程序	运行结果

``
//程序1-1
int main( )
{
  p.hide( );
  for(int i=0;i<24;i++)
  {
    p.c(i%8).fd(100);
    p.bk(100);
    p.rt(15);
  }
  return 0;
}
``	

你知道还有哪些软件能画图吗？

（二）GoC 编程环境

GoC 程序要在特定的软件中编写和运行，GoC 就是支持这项工作的一个网页版软件。让我们通过视频，一起了解 GoC 编程环境。

图 1-5

进入教学网站的"GoC"页面，单击"探索 WebGoC"的"演示"按钮进入 GoC 环境，自行探索编程环境的各种操作。

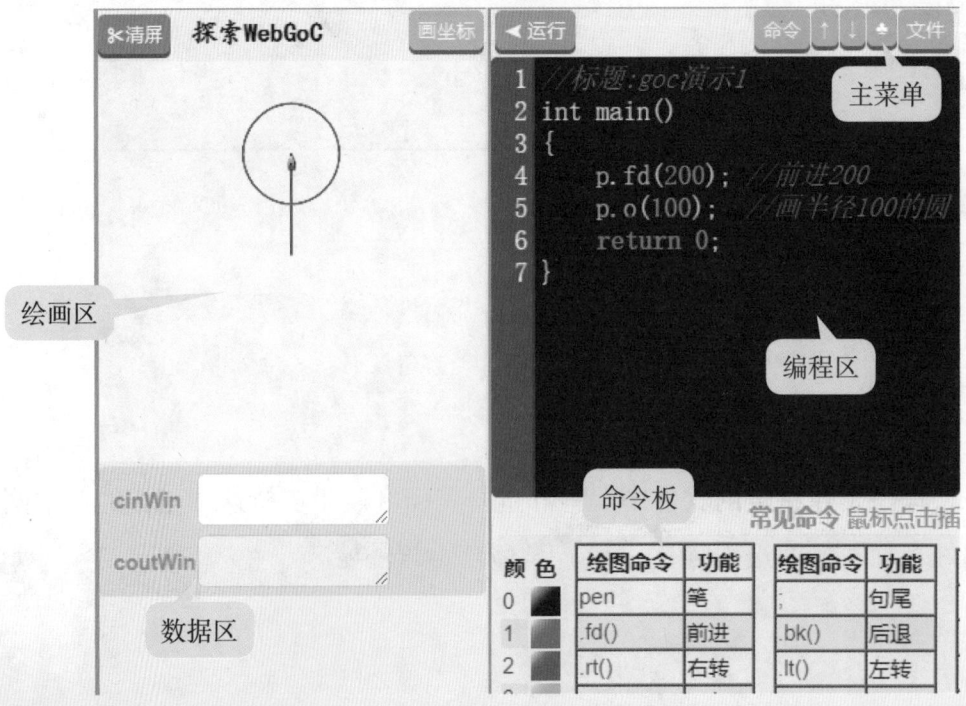

图 1-6

①单击主菜单中的"命令"按钮便能打开 GoC 的命令板，在编程区中将光标移到要插入命令的位置，再单击命令板上的命令就可插入该命令，最后填补命令所需要的参数即可。

②单击"文件"菜单里的"帮助"项，便能打开帮助页面了解命令的详细说明。

1．GoC 中的画笔能实现下面哪些功能？（　　　）

A．前进　　　　　B．转方向　　　　　C．变颜色　　　　　D．显示图片

2．怎样用鼠标调整 GoC 左右两个窗口的大小？（　　　）

A．拖动窗口下边框　　　　　B．拖动窗口右下角

C．拖动左右窗口的分界线　　　　　D．单击上下箭头

3．要在绘图区显示坐标，可以单击哪个按钮？（　　　）

A． 清屏　　　B． 画坐标　　　C． 运行　　　D． 命令

单击"创意园"，修改程序画两个半径是 100 的圆。

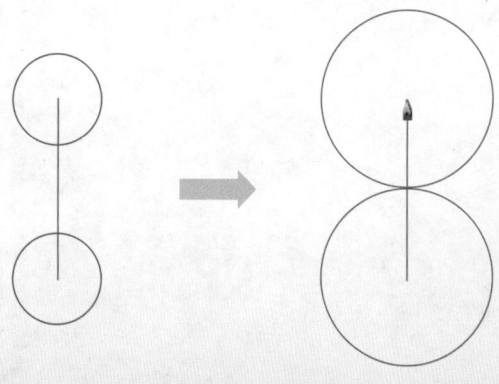

图 1-7

评价栏

表 1-2

评价要点	是否过关		我还想学习这些知识
知道用 GoC 程序能绘图	是□	否□	
知道程序是由命令组成的	是□	否□	
知道在 GoC 中编写和执行程序	是□	否□	
会 GoC 编程软件的基本操作	是□	否□	
我在这一课的学习中，共过了_____关			

无人驾驶汽车
——前进、后退与转弯

初步了解了科技馆浩瀚的科技作品，小 C 迫不及待约上同学乘坐无人驾驶汽车去科技馆参观。无人驾驶汽车是一种用计算机程序自动控制的智能汽车。让我们和小 C 一起出发吧！

无人驾驶汽车

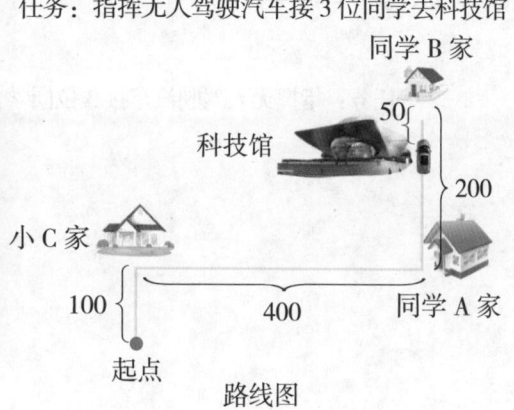

任务：指挥无人驾驶汽车接3位同学去科技馆

同学 B 家

科技馆

50

200

小 C 家

100

400

同学 A 家

起点

路线图

图 2-1

按图 2-1 的路线图，无人驾驶汽车要如何行驶才能接齐所有人并送至科技馆？

一、行驶路线分析

小 C 和小伙伴的家及科技馆的位置如图 2-1 路线图所示，要接齐所有人，可以按以下步骤行驶：

（1）第一步（从起点到小 C 家）：前进 100。

（2）第二步（从小 C 家到同学 A 家）：右转 90 度，_____。

（3）第三步（从同学 A 家到同学 B 家）：_____，前进 200。

（4）第四步（从同学 B 家到科技馆）：后退 50。

二、用"命令"指挥无人驾驶汽车

只要我们输入正确的命令，就能指挥无人驾驶汽车。

进入教学网站第 2 课的"开汽车—指挥汽车"页面，单击"演示"按钮运行程序，输入正确的命令指挥无人驾驶汽车。

任务：指挥无人驾驶汽车接 3 位同学去科技馆

图 2-2

汽车在"行驶"中会画出直线，全靠 GoC 中有一支神奇的画笔 ！它能在 GoC 中按命令要求画出各种各样的图案来。

①前进命令：p.fd(长度);

作用：让画笔按指定长度前进。

示例："p.fd(100);"是前进 100。

②后退命令：p.bk(长度);

作用：让画笔按指定长度后退。

示例："p.bk(50);"是后退 50。

③右转命令：p.rt(角度);

作用：让画笔按指定的角度右转改变方向。

示例："p.rt(90);"是右转 90 度。

④左转命令：p.lt(角度);

作用：让画笔按指定的角度左转改变方向。

示例："p.lt(90);"是左转 90 度。

⑤ GoC 命令书写说明：

（a）直接指挥笔动作的命令通常以"pen."（可简写为"p."）开头。

（b）除特殊情形外，命令名称中的字母一般用小写。

（c）每行命令的末尾要加分号"; "，表示该行命令的结束。

（d）每行命令输入后，要按回车键发送。

　　在上面的操作中，我们输入"p.fd()"命令和"p.bk()"命令时，都会画出直线来，这与使用 Windows 操作系统中的"画图"程序画直线的方法有什么不同？

三、熟悉命令的输入

　　无人驾驶汽车成功把小 C 和小伙伴们送到了科技馆。为了更熟练地指挥无人驾驶汽车，让我们打开"键盘练习"提高发布命令的准确度。

进入"键盘练习"页面进行命令输入练习，看谁输入得又准又快。

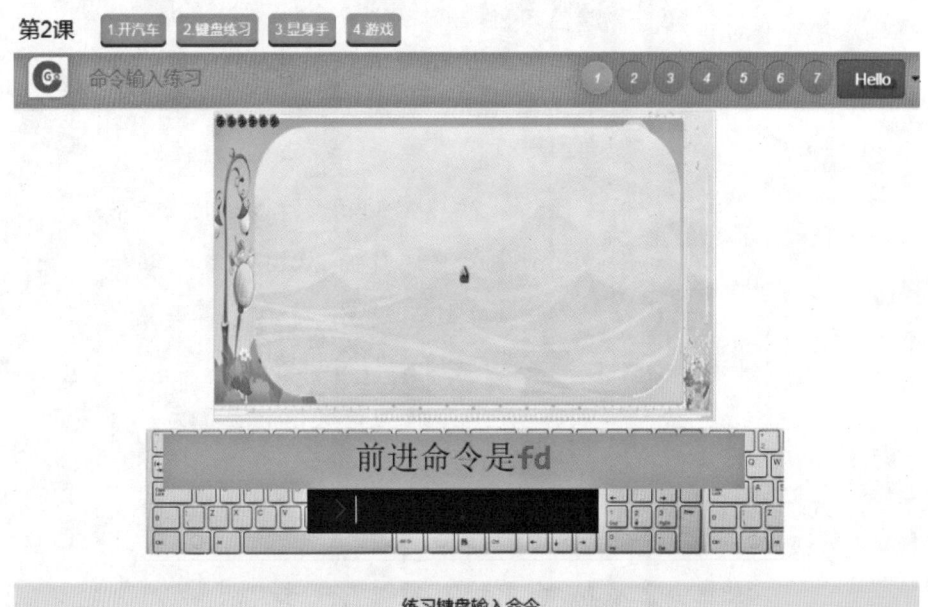

图 2-3

1．用连线将命令（左边）与其对应的执行效果（右边）连接起来。

p.fd(230);	后退 50
p.lt(40);	前进 230
p.bk(50);	右转 80 度
p.rt(80);	前进 50
p.fd(50);	左转 40 度

2．下面哪些命令格式是错误的？（　　）

A．fd(50);　　　　　B．p.fd 50 ;　　　　C．p.rt(110);

D．p.bk(100)　　　　E．p.Lt(90);　　　　F．p Lt(90);

3．进入教学网站第 2 课，选择"游戏"，输入命令，指挥画笔爆气球。

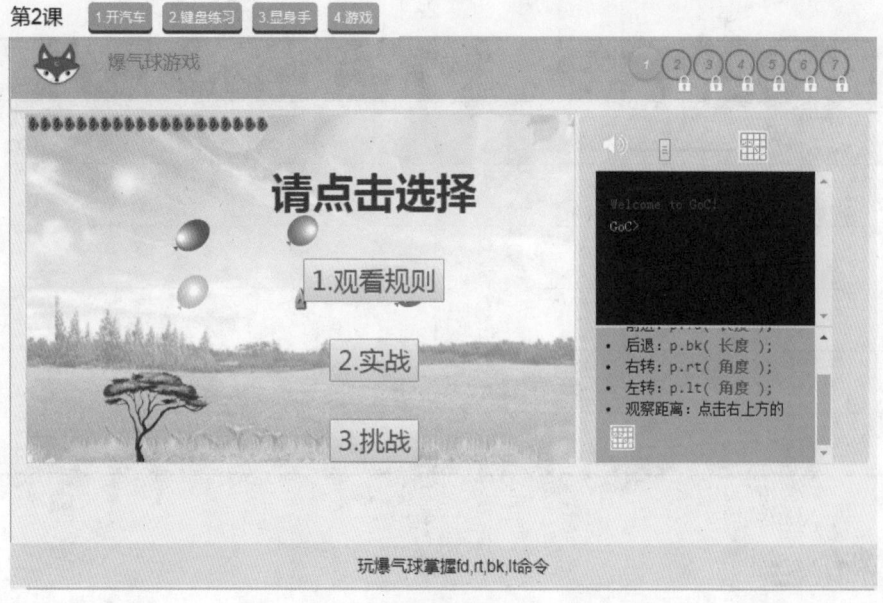

图 2-4

 创意园

如图 2-5 所示，要让无人驾驶汽车从起点开始，接上 A、B、C 三位同学送往科技馆。请你为无人驾驶汽车设计更多路线，并将步骤和 GoC 命令填写在表 2-1 中。（提示：每一网格代表距离 50）

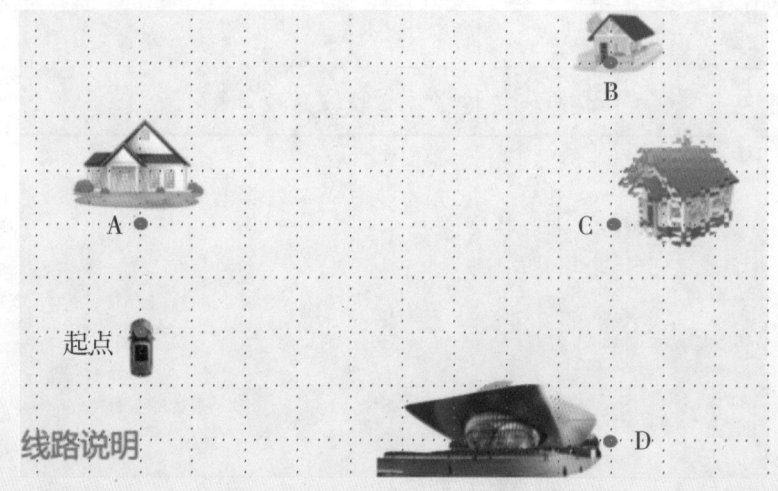

图 2-5

表 2-1

行驶步骤	对应的命令
第一步:	
第二步:	

评价栏

表 2-2

评价要点	是否过关		我还想学习这些知识
知道用命令能指挥无人驾驶汽车	是□	否□	
会区分前进、后退、左转、右转命令	是□	否□	
能用键盘输入 GoC 命令	是□	否□	
能设计无人驾驶汽车的行驶线路	是□	否□	
我在这一课的学习中，共过了_____关			

第3课　氚气灯管

——设置颜色和粗细

进入科技馆，小C随即被一排色彩斑斓的氚（chuān）气灯管深深吸引了。氚气灯管不需要通电和补充能量就能自动发光二十年以上，在深水、矿井等各种恶劣的环境下都能正常发光。

氚气灯管实物图　　　　　　　　　编程效果图

图 3-1

怎样用 GoC 中的画笔画出图 3-1 中黄色的"氚气灯管"呢？

经过认真观察和思考，小C发现如果能设置画笔的颜色和粗细，再使用"p.fd()"命令就能画出以上的"氚气灯管"了。

一、设置氚气灯管的颜色

五颜六色的氚气灯管让小C流连忘返，如何设置这些漂亮的颜色呢？

观察程序 3-1 的组成，运行该程序并理解它的作用。

表 3-1

程序	运行结果

//程序3-1
int main( )
{
   p.c(2); //设置画笔颜色为 2 号蓝色
   p.fd(360); //向上画出一根长为 360 的蓝色线段
   return 0;
}	

为了方便指挥画笔，可以将多个命令按一定的顺序和格式编写成一个程序，在需要的时候运行它。

一个完整的 GoC 程序一般包括以下几部分：

①注释部分：以 "//" 开头，是为方便人们阅读程序而添加的说明，不是程序必需的内容，计算机也不会执行。

②主函数 "int main( )"：每个程序必须有一个主函数。

③主函数体：跟在主函数名后，用一对大括号 "{ }" 括起来，里面按一定的顺序和格式编写各种命令。在程序中书写的每一行命令，也可称为语句。

④返回语句 "return 0;"：是主函数体的最后一个语句，表示主函数到此结束。

表 3-1 的程序画出了一根蓝色的灯管，如果要画黄色的氖气灯管，怎样改变画笔的颜色呢？

运行程序 3-2，分析各命令在画图中起什么作用。

表 3-2

程序	运行结果

//程序3-2
int main( )
{
　p.c(5); // 设置画笔颜色为 5 号黄色
　p.fd(360);
　return 0;
}	

如果将程序 3-2 中的命令 " p.c(5);" 与 "p.fd(360);" 调换次序，还能画出黄线吗？

①设置颜色命令：p.c(颜色编号);

作用：按指定的颜色编号设置画笔颜色。

示例："p.c(1);" 将画笔的颜色设置为红色（1 号）。

② GoC 中 16 种颜色对应的编号如下：

编号:	0	1	2	3	4	5	6	7	8	9	10	11	12	13	14	15
颜色:																

如果要画一条由五段长度都是 72 但颜色不同的线段组成的线，怎么画呢？

完善并运行程序 3-3，理解程序的执行顺序。

表 3-3

程序	运行结果

// 程序 3-3
int main( )
{
    p.c(0).fd(72); //画笔二连发，画出黑色线段
    p.c(1).fd(72); //画出长度为 72 的红色线段
    p.c(2).fd(72);
    p.____(3).fd(72); //画出长度为 72 的绿色线段
    p.c(___).fd(72);
    return 0;
}	

连发命令：p.命令1.命令2.….命令 n

作用：把多个画笔命令连接起来书写，按从左到右的顺序执行各个命令。在书写连发命令时，只需要一个"p."开头，随后的命令均省略"p."。

示例："p.c(5).bk(46);"先设置 5 号色，然后后退 46 步以该颜色画线。

二、设置氖气灯管的粗细

小 C 很快就画出了一根彩色氖气灯管，但是这根灯管太细了，用什么命令可以让它变粗呢？

阅读理解表 3-4 左边代码的执行过程。尝试把"p.size(30);"命令中"30"改为不同的数并运行程序，观察图形的变化。

表 3-4

程序	运行结果

// 程序 3-4
int main( )
{
   p.size(30); // 改变画笔的粗细
   p.c(5);
   p.fd(360);
   p.hide( ); // 画完后把画笔隐藏起来
   return 0;
}
	|

①设置画笔粗细命令：p.size(数值);

作用：按指定的数值设置画笔的粗细，数值越大，画出的线条就越粗。

示例："p.size(10).fd(100);"能画出粗为 10 长度为 100 的线条。

②隐藏画笔命令：p.hide( );

作用：让画笔隐身，以免遮挡所画的图形。"hide( )"的括号里不用写参数。

示例："p.c(6).size(5).fd(72).hide( );"先画出一条 6 号色、粗为 5、长为 72 的线，然后隐藏画笔。

如果要将表 3-4 中的图形（线条）按水平方向画出，长度、粗细和颜色不变，应如何修改程序？

修改程序 3-4，把命令"p.hide( );"放在"p.fd(360);"之前，再执行程序，观察执行效果有什么不同。

显身手

1．如果想用画笔画出一株深绿色（编号为 10）的小草，可以用下面哪个命令来设置画笔的颜色？（　　　）

　A．p.c(3)；　　　B．p.c(10)；　　　　C．p.size(3)；　　　　D．p.size(10)；

2．想画一根粗细为 50 的树干，则设置画笔粗细的命令是：p._____；

3．小 C 学会了 GoC 的"size"和"c"命令，他想画一支漂亮的彩色氖气灯管。这支灯管从上往下由 5 根长为 70 的线段组成（粗细从 15 开始、颜色从 0 号开始每段增加 1）。请完善表 3-5 中的程序，把灯管画出来。

表 3-5

程序	运行结果

`//程序3-5`
`int main( )`
`{`
`    p.c(0).size(15).bk(70); //画粗 15 长 70 的黑色线段`
`    p.___(1).size(18).bk(70); //画粗 18 长 70 的红色线段`
`    p.c(___).size(21).bk(70);`
`    p.c(3).size(___).bk(70);`
`    p.c(4).____(27).bk(70);`
`    p.hide( ); //隐藏画笔`
`    return 0;`
`}`	

选择如图 3-2 所示图形中的一个或几个，根据自己的喜好，设置不同的画笔粗细和颜色，编程把它们画出来。

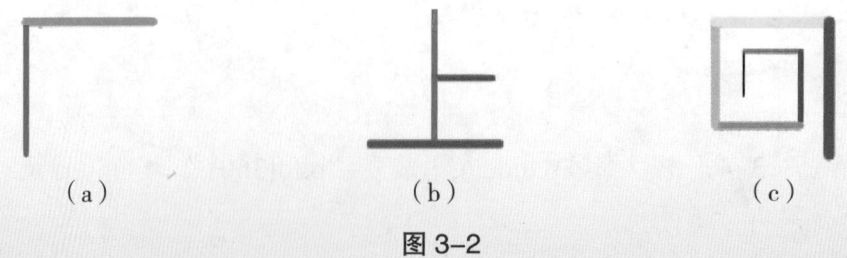

（a）　　　　　　　　　（b）　　　　　　　　　（c）

图 3-2

评价栏

表3-6

评价要点	是否过关		我还想学习这些知识
能说出 GoC 程序的基本组成	是☐	否☐	
能解释颜色号与颜色的关系	是☐	否☐	
会用 p.hide( ) 命令隐藏画笔	是☐	否☐	
会解释画笔连发命令的执行顺序	是☐	否☐	
能用 p.size( )、p.c( )、p.fd( ) 等命令画指定粗细、颜色和长度的线	是☐	否☐	
我在这一课的学习中，共过了_____关			

 **交通安全警示系统**

——画矩形与抬笔、落笔

 　　在智能交通展厅中，小 C 看见一套新型"交通安全智能警示系统"，它由"语音提示桩"和"人脸识别显示屏"等多个部分组成，有 LED 提示、语音提醒、拍照、人脸识别等功能，能及时警示行人，避免交通违规。

交通安全警示系统情景图 　　　语音提示桩　　安全警示线

编程效果图

图 4-1

　　仔细观察图 4-1 编程效果图，说一说"语音提示桩"由什么图形组合而成。

一、画"语音提示桩"

"语音提示桩"由三个大小不一的矩形组成，可按以下步骤画出。

表 4-1

步骤	结果
第一步： 画一个黄色矩形底座。	
第二步： 画一个黄色矩形柱身。	
第三步： 画一个黑色矩形 LED 屏。	

运行程序 4-1，观察结果，并了解各语句的作用。

表 4-2

程序	运行结果

//程序4-1
int main( )
{
　p.rr(100,20,13); //画宽为 100，高为 20，色号为 13 的实心矩形底座
　p.fd(160); // 把笔移到柱身的中心位置
　p.rr(80,300,13); // 画柱身
　p.rr(60,180,0); // 画 LED 屏
　return 0;
}	

①实心矩形命令：p.rr(宽，高，颜色);

作用：以笔的位置为中心，按给定的宽、高和颜色画一个实心矩形。若不写颜色参数，则以画笔当前颜色画矩形。

示例："p.rr(100,200,1);"将画一个宽 100、高 200 的红色实心矩形。

②空心矩形命令：p.r(宽，高，颜色);

作用：以笔的位置为中心，按给定的宽、高和颜色画一个空心矩形。

示例："p.r(80,50,3);"将画一个宽 80、高 50 的绿色空心矩形。

1．程序 4-1 "p.fd(160);" 中的 "160" 是如何计算出来的？

2．在底座上多了一根蓝色的线，我们可以用什么方法隐藏这根线呢？

二、画"安全警示线"

"红灯停，绿灯行"，人们在等待交通指示灯切换的时候，应该站在安全区域内等待。请参考图 4-1 编程效果图画出"安全警示线"。

运行程序 4-2，观察图形，理解程序。

表 4-3

程序	运行结果

//程序4-2
int main( )
{
   p.c(13).size(8);
   p.fd(100);
   p.up( ).fd(50).down( ); // 抬笔，前进50，落笔
   p.fd(100); // 画长为 100 的直线
   return 0;
}	

①抬笔命令：p.up();

作用：抬笔使画笔移动时不画出直线。本命令不需要参数。抬笔只影响 fd、bk 命令，对画矩形、圆、椭圆等命令没有影响。

示例："p.rt(90).fd(20).up().fd(80);"将画出"━ ▶"。

②落笔命令：p.down();

作用：落下画笔以便移动时画出直线。本命令不需要参数。在 GoC 中，画笔初始状态是落笔状态。

示例："p.rt(90).fd(20).up().fd(10).down().fd(80);"将画出"━ ━▶"。

如果要将表 4-3 的图形改为表 4-4 的图形，该如何修改完善程序？

表 4-4

程序	运行结果

//程序4-3
int main( )
{
  p.c(13).size(8);
  p.rt(__); // 调整笔的方向
  p.fd(100);
  p.up( ).fd(50).down( ); // 画间隔
  p.fd(100);
  p.up( ).fd(50).____; // 画间隔
  p.fd(100);
  return 0;
}	

显身手

1．命令 "p.rr(70,40,2);" 画出的是下列哪个图形？（　　　　）

A. ☐　　　　　　　B. ■

C. ☐　　　　　　　D. ■

2．连发命令 "p.r(30,30,1).up( ).fd(15).down( ).fd(20);" 画出的图形是（　　　　）。

A.　　　　　　　B.

C.　　　　　　　D.

3．"人脸识别显示屏" 是新型 "交通安全智能警示系统" 的一个重要构成部分。请完善程序 4-4，画出 "人脸识别显示屏"。

表 4-5

程序	运行结果

//程序4-4
int main( )
{
　p.＿＿(190,20,0); // 画底座
　p.＿＿; // 抬笔
　p.fd(185);
　p.rr(＿＿,350,10); // 画宽为180,高为350,色号为10的实心矩形
　p.fd(70);
　p.rr(150,150,＿＿); // 画黄色（5号）的显示屏
　return 0;
}	

1. 由我国自主研发并生产制造的计算机芯片将会越来越广泛应用于手机、军工、航天等各个领域。请编程画出如图4-2所示的计算机芯片编程效果图。

计算机芯片实物图

编程效果图

图 4-2

2. 小C看见一个有趣的"九宫格"展柜，你能用 GoC 帮小C画出一个"九宫格"吗？

"九宫格"展柜　　　　　　　空心"九宫格"　　　　　　　彩色"九宫格"

图 4-3

 评价栏

表 4-6

评价要点	是否过关		我还想学习这些知识
会用矩形命令 p.r( ) 画空心矩形	是□	否□	
会用矩形命令 p.rr( ) 画实心矩形	是□	否□	
会使用抬笔命令 p.up( ) 或落笔命令 p.down( )，控制画笔移动时是否画线	是□	否□	
会用多个图形组成新图案	是□	否□	
我在这一课的学习中，共过了_____关			

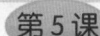

 无叶风扇

——画实心与空心椭圆

正在用心体验科技产品的小 C，忽然感受到一阵阵清凉之风。原来是科技馆安装了很多无叶风扇，这些风扇能 360 度旋转吹风，而且能智能感应室温调节风力。

无叶风扇实物图　　　　　　　编程效果图

图 5-1

观察图 5-1 中编程效果图，说说该图形的特点。

一、编程步骤

图 5-1 中的无叶风扇从外观可以看作由椭圆、矩形、圆形这几种图形构成。可按以下步骤画出。

表 5-1

步骤	结果
第一步： 画一个绿色空心椭圆出风框。	
第二步： 画一个绿色实心矩形底座。	
第三步： 画一个红色圆形开关。	

二、画出出风框

"无叶风扇"可以从上到下画，上端的"出风框"像个椭圆。怎么画椭圆呢？

大胆试

运行程序 5-1，注意观察画笔的位置。

表 5-2

程序	运行结果

//程序5-1
int main( )
{
　p.ee(100,200,10); // 画绿色椭圆
　return 0;
}
	纵半径：200
	横半径：100

①实心椭圆命令：p.ee(横半径，纵半径，颜色);

作用：以笔的位置为中心，按指定的横半径、纵半径和颜色绘制一个实心椭圆。

示例："p.ee(80,50,1);"将画出一个横半径80、纵半径50的红色实心椭圆。

②空心椭圆命令：p.e (横半径，纵半径，颜色);

作用：以笔的位置为中心，按指定的横半径、纵半径和颜色绘制一个空心椭圆。

示例："p.e(120,70,1);"将画出一个横半径120、纵半径70的红色空心椭圆。

完善并运行程序 5-2，画出出风框。

表 5-3

程序	运行结果

//程序5-2
int main( )
{
    p.size(30) ; // 将笔粗设为 30
    p.___ (80,160,10); // 画绿色空心椭圆
    return 0;
}	

1．为什么画出风框要先改变笔粗再画空心椭圆呢？

2．上面程序用了改变笔粗画空心椭圆的方法画出出风框，你还能想到其他画法吗？

三、画底座和开关

底座可看作是一个绿色的实心矩形，开关可以看作是一个横半径和纵半径相等的红色实心椭圆。

在画完前面的"出风框"后，需要将画笔从"出风框"的中心位置移到下面矩形底座的中心位置画，才能让底座刚好与"出风框"对接。

完善并运行程序 5–3，画出无叶风扇底座和开关。

表5–4

程序	运行结果

``
//程序5–3
int main()
{
    p.size(30) ;
    p.e(80,160,10);
p.up().bk(220); //移动笔到底座中心位置
p.rr(100,150,10); //画底座
p.___(___,10,1); //画开关
return 0;
}
``
	（提示：开关横、纵半径均为 10，颜色号为 1）

1. 命令"p.e(200,100,1);"画出的是哪个图？（   ）

A.   B.   C.   D.

2. 以下哪个命令能画出如下图形？（   ）

A．p.ee(100,100,2);   B．p.e(100,100,2);

C．p.ee(100,100,1);   D．p.e(100,100,1);

3．小 C 发现只要旋转椭圆就能画出各种漂亮的花朵。

图 5-2

（提示：每朵花的花瓣都是横半径 80、纵半径 160 的椭圆，画完每片花瓣后画笔转动的角度是 120 度；中间的圆形花心半径 80）

请你完善程序 5-4，画出表 5-5 右边的图案。

表 5-5

程序	运行结果
| ```
//程序5-4
int main( )
{
    p.picU(0); //设定椭圆将按笔的方向画
    p.____(80,160,1).rt(120); //画实心椭圆花瓣
    p.ee(80,160,1).rt(120);
    p.ee(80,160,1).rt(120);
    p.ee(80,____,5); // 画实心圆形花心
    return 0;
}
``` | |

1．椭圆和圆组合可以画出很多不同的图案，请编程画出以下图案。

图 5-3
```

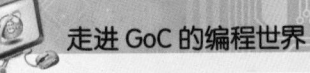

2. 基本图形组合可以画出很多不同的图案。请你选一个图案编程画出来。

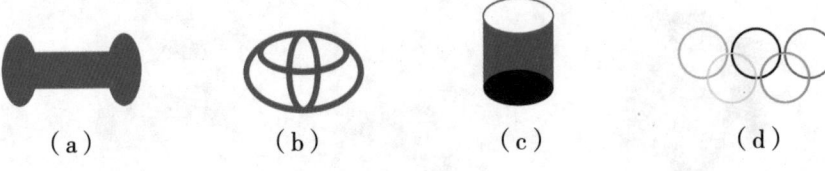

（a）　　　　　　（b）　　　　　　（c）　　　　　　（d）

图 5-4

评价栏

表 5-6

评价要点	是否过关		我还想学习这些知识
会区分椭圆的横、纵半径	是□	否□	
会用 p.e( ) 命令画空心椭圆	是□	否□	
会用 p.ee( ) 命令画实心椭圆	是□	否□	
会确定画两个图形之间画笔要移动的方向与长度	是□	否□	
我在这一课的学习中，共过了_____关			

第6课 无人机

——计算旋转角

在航空展厅中，小C看到多种无人机，有的像章鱼，有的像小蜜蜂，还有的像微缩型的直升机。无人机不仅能高空摄影，还能用于农业植保、物流配送、电力巡检、环境监测和抢险救援等方面。

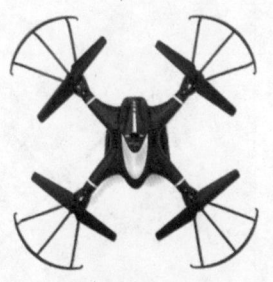

四轴无人机实物图

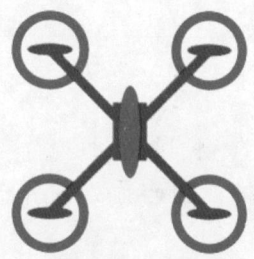

编程效果图

图6-1

仔细观察图6-1的编程效果图，说一说该"四轴无人机"图案有什么特点？

一、编程步骤

"四轴无人机"由直线、椭圆和矩形等基本图形组成。如果以右上方的轴作为"四轴无人机"第一根机轴，则该轴可以在画笔右转45度后再画出；为达到对称效果，每两根机轴之间的角度应为90度。可按以下步骤画出。

表 6-1

步　骤	结　果
第一步： 画笔右转 45 度，画出无人机第一根机轴。	45°
第二步： 画笔右转 90 度，画出无人机第二根机轴。	90°
第三步： 以此类推，画出无人机第三、第四根机轴。	
第四步： 用矩形和椭圆画出机身。	

二、画"四轴无人机"

（一）画第一根机轴

根据表 6-1 中设计的步骤，我们先来画"四轴无人机"的第一根机轴。

根据表 6-2 中的运行结果，分析并完善程序 6-1。

表 6-2

程序	运行结果

//程序6-1
int main( )
{
　p.rt(___); // 右转 45 度
　p.fd(100).e(30,30,1).ee(20,3); // 画由直线和椭圆组成的第一根机轴
　p.bk(100); // 让笔回到起点
　return 0;
}

如果以左上方的轴作为第一根机轴开始画，怎么修改以上程序呢？

（二）画第二根机轴

画出第一根机轴后，让画笔按顺时针方向右转 90 度，便可再画第二根机轴。

完善并运行程序 6-2，画出前两根机轴。

表 6-3

程序	运行结果

//程序6-2
int main( )
{
　p.rt(45);
　p.fd(100).e(30,30,1).ee(20,3).bk(100);
　p.rt(___); // 右转 90 度
　p.fd(100).e(30,30,1).ee(20,3).bk(100);
　return 0;
}	

如果要按逆时针方向来画出第二根机轴，应如何修改程序 6-2?

（三）画完整的无人机

参考画第二根机轴的语句，我们可以画出第三、第四根机轴，完成整架四轴无人机的画图程序。

完善并运行程序 6-3，画出完整的"四轴无人机"。

表 6-4

程序	运行结果

//程序6-3
int main( )
{
　　p.hide( ); // 隐藏笔
　　p.rt(45); // 画笔右转45度
　　p.fd(100).e(30,30,1).ee(20,3).bk(100); // 画第一根机轴
　　p.rt(90); // 右转90度
　　p.fd(100).e(30,30,1).ee(20,3).bk(100);
　　p.rt(90);
　　p.fd(100).e(30,30,1).ee(20,3).bk(100);
　　p.rt(90);
 	
　　_____
 	
　　p.rr(30,50).ee(10,40,1); // 绘画矩形和椭圆的机身
　　return 0;
}	

①代码复制方法：使用快捷键 Ctrl+C（复制）和 Ctrl+V（粘贴），实现对相同代码的复制。

示例：在编辑程序 6-3 时，可以输入以下两行语句

p.fd(100).e(30,30,1).ee(20,3).bk(100);

p.rt(90);

然后再复制 1 次并先后粘贴 3 次，完成画 4 根机轴的代码。

②实心椭圆命令的特殊形式：p.ee（横半径，纵半径）；

作用：以画笔的当前颜色画椭圆。空心椭圆命令也有类似的特殊形式。

示例："ee(20,3)"表示以画笔的当前颜色画横半径 20、纵半径 3 的椭圆。

三、画"多轴无人机"

小 C 通过一番努力，成功画出了四轴无人机。航空展厅里还摆放着六轴、八轴、十轴等多轴无人机。要把这些多轴无人机画出来，两轴之间的角度该怎样计算呢？

（1）在体育课上，口令"向右转"就是顺时针旋转_____度，口令"向左转"就是逆时针旋转_____度，口令"向后转"就是顺时针旋转_____度。

（2）转一周的角度是_____度。

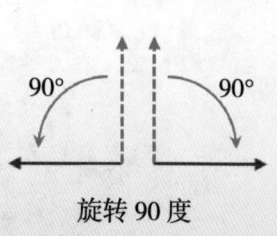

旋转 90 度

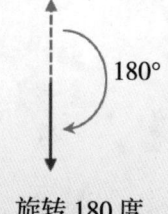

旋转 180 度

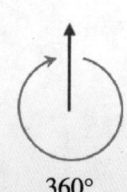

旋转 360 度（一周）

图 6-2

（一）等分周角

我们已知周角是 360 度，如果要将它等分成若干份，那么每份的度数是多少呢？

表 6-5

图形								
等分的份数	2	3	4	5	6	8	9	10
每份角的度数	180	120	90					
结论	每份角的度数 ＝ 360 ÷ ＿＿＿＿＿							

（二）画六轴无人机

六轴无人机的六根轴是对周角进行六等分。

完善并运行程序 6-4，画出"六轴无人机"。

表6-6

程序	运行结果
```//程序6-4 int main( ) { 　p.hide( ); 　p.rt(30); // 设定画第一根机轴的方向 　p.fd(100).e(30,30,1).ee(20,3).bk(100); // 画第一 根机轴 　p.rt(＿＿＿＿); 　p.fd(100).e(30,30,1).ee(20,3).bk(100); 　p.rt(＿＿＿＿); 　p.fd(100).e(30,30,1).ee(20,3).bk(100); 　p.rt(60); 　p.fd(100).e(30,30,1).ee(20,3).bk(100); 　p.rt(60); ＿＿＿＿＿＿＿＿＿＿＿＿＿ ＿＿＿＿＿＿＿ ＿＿＿＿＿＿＿＿＿＿＿＿＿ ＿＿＿＿ 　p.rr(30,50).ee(10,40,1); // 绘画矩形和椭圆组成 的机身 　return 0; }```	

如果要画八轴、十轴的无人机，该如何修改以上程序呢？

显身手

1. 已知图6-3中的图案共由 10 条长度为 90 的线段组成，这 10 条线段围绕中心将圆周角等分。

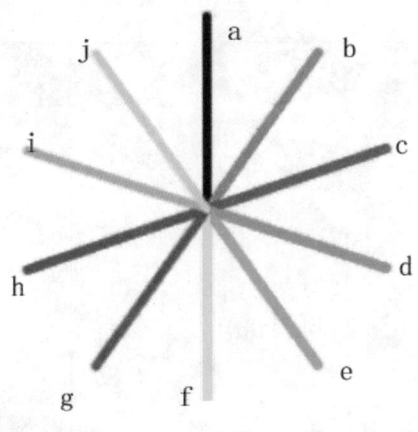

图 6–3

那么：

（1）单独画线 b 的命令为（ ）。

（2）单独画线 d 的命令为（ ）。

（3）单独画线 h 的命令为（ ）。

A．p.c(0).fd(90);　　　　　　　B．p.c(1).rt(36).fd(90);

C．p.c(7).lt(108).fd(90);　　　　D．p.c(3).rt(108).fd(90);

2．"良好的品行是成功的基石"。请完善程序 6-5，画出右栏的"品"字图形。

表 6–7

程序	运行结果

//程序6-5
int main( )
{
　p.up( ).hide( );
　p.fd(100).＿＿＿＿ (100,100,0).bk(100);
　p.rt(＿＿＿＿);
　p.fd(100).r(100,100,0).bk(100);
　p.＿＿＿＿;
　p.fd(100).r(100,100,0).bk(100);
　p.rt(120);
　return 0;
}
	（注：图中的虚线不用编程画出）

3．等分巧克力蛋糕。请修改程序6-6，把原图的蛋糕分成四等份。

表6-8

程序	运行结果

``// 程序6-6
int main( )
{
    p.c(15).hide( );
    p.ee(100,100,6);
    p.fd(100).bk(100);
    p.rt(120);
    p.fd(100).bk(100);
    p.rt(120);
    p.fd(100).bk(100);
    return 0;
}```
	（原图）　　　　（新图）

4．进入教学网站的"游戏通关"页面，进行通关比赛，看谁能成为"通关小能手"。请注意观察右下角的提示。

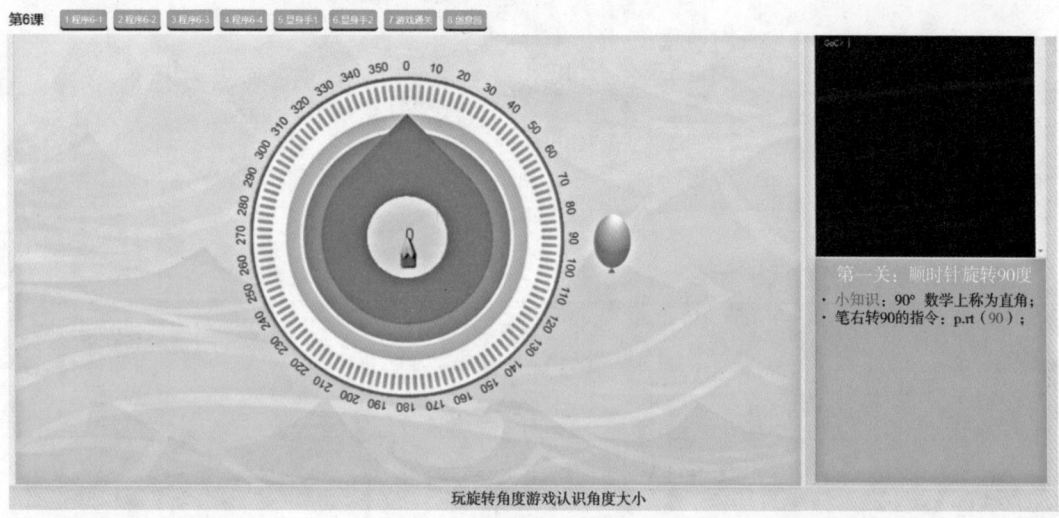

玩旋转角度游戏认识角度大小

图6-4

1．"严禁违章停车，共建文明城市"。请同学们用编程设计一个"禁停"的标志。

禁停标志

编程效果图

图 6-5

2．在我们生活当中存在着很多奇妙、有规律的图形。请编程绘制出图6-6中的一个图案。(提示：开始画图前要加入语句"p.picU(0);"，以按画笔的方向画椭圆)

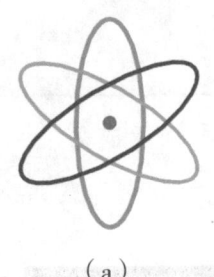

（a）

（b）

（c）

（d）

图 6-6

评价栏

表 6-9

评价要点	是否过关		我还想学习这些知识
会计算等分圆周角的度数	是□	否□	
能用快捷键 Ctrl+C 和 Ctrl+V 复制粘贴语句	是□	否□	
能画出绕中心均匀分布的图形所构成的简单图案	是□	否□	
我在这一课的学习中，共过了_____关			

第7课 智能机器人
——调入与显示图片

来到机器人展厅，小C发现里面各式各样的机器人伙伴可聪明啦，迎宾机器人在门口热情迎客，送餐机器人正在向客人赠送饮料，快递机器人正在模仿快递传送，还有机器人在热烈跳舞呢，令人惊叹不已！

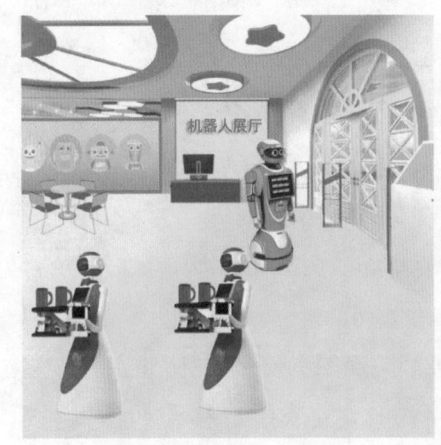

图 7-1

在日常生活中，你见过哪些有趣的机器人？请在小组内分享交流。

一、进入机器人展厅

在机器人展厅中，迎宾机器人迎面而来，彬彬有礼地向客人问好。

运行程序7-1，机器人展厅就呈现出来了。

表 7-1

程序	运行结果

//程序7-1
int main( )
{
  p.picL(1,"venue.png"); // 调入机器人展厅图片 "venue.png" 并编为 1 号
  p.pic(1); // 显示 1 号图片（机器人展厅）
  return 0;
}

①调入图片命令：p.picL(图片编号，图片文件名)；

作用：调入图片文件名对应的图片并编号。图片文件名要用双引号括住。

示例："p.picL(6,"park.png")；" 调入图片 "park.png" 并编为 6 号。

②显示图片命令：p.pic(图片编号)；

作用：显示指定编号的图片。

示例："p.pic(3)；" 显示 3 号图片。

大胆试

完善并运行程序 7-2，调入并显示迎宾机器人。

表 7–2

程序	运行结果

//程序7–2
int main( )
{
　p.picL(1,"venue.png"); // 调入展厅图片
　p._____; // 调入迎宾机器人图片
　"robot1.png"并编为 2 号
　p.pic(1); // 显示展厅
　p.pic(2); // 显示迎宾机器人
　return 0;
}	

用鼠标单击命令板，能快速插入命令编写程序。例如，按以下步骤可在编程区插入调入图片命令：

1. 在常见命令区点击 .picL(,)。	2. 在弹出的图片库中选择图片。	3. 在逗号前填写要设定的编号。

绘图命令	功能
.picL(,)	调图片

p. picL (, "robot1.png");

二、请出送餐机器人

展厅内还有几个送餐机器人端着茶水为客人服务呢！

完善程序 7–3，在 A 点显示 1 个送餐机器人。

表 7-3

程序	运行结果

//程序7-3
int main( )
{
    p.picL(1,"venue.png");
    p.picL(2,"robot2.png"); // 调入送餐机器人
图片 "robot2.png" 并编为 2 号
    p.pic(1);
    p.up(); // 提笔
    p.____(200); // 后退 200，把画笔移到 A 点
    _____; // 显示送餐机器人
    return 0;
}
	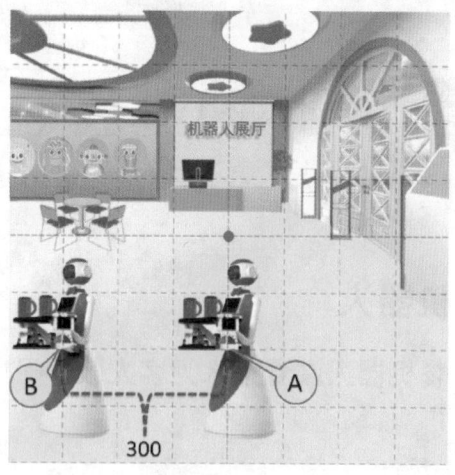

请参考图 7-2，如要在 B 点增加一个送餐机器人，应如何修改程序 7-3 呢?

图 7-2

三、让快递机器人转弯

小 C 看到展厅中的快递机器人正在送货呢!

快递机器人实物图

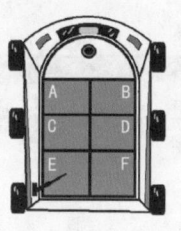
俯视图

图 7-3

快递机器人可以根据路线调整方向，快速无误地把货物送达客人手上。

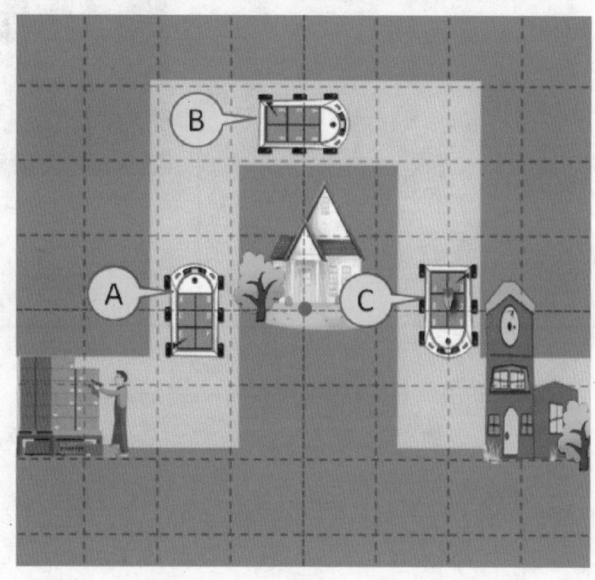

图 7-4

运行程序 7-4，观察结果并理解程序。

表 7-4

程序	运行结果
| ```
//程序7-4
int main( )
{
  p.picL(1,"road.png");
  p.picL(2,"robot3.png"); // 调入快递机器人图片 "robot3.png" 并编为 2 号
  p.pic(1).up( );
  p.picU(1); // 设定图片按向上显示
  //=== 在 A,B,C 三个位置显示机器人 ===
  p.lt(90).fd(150).rt(90); // 把画笔移到 A 点
  p.pic(2); // 显示 2 号图片（机器人）
  p.fd(250).rt(90).fd(150); // 把画笔移到 B 点
  p.pic(2);
  p.fd(200).rt(90).fd(250); // 把画笔移到 C 点
  p.pic(2);
  return 0;
}
``` |  |

　　设置图片方向属性命令：p.picU(1 或 0)；

　　作用：设定 p.pic( ) 执行时是否按画笔的方向显示图片。当参数为 1 时或没使用 p.picU( ) 命令时，图片按原来的方向显示；当参数为 0 时，图片按当前画笔的方向旋转后显示。

　　示例 1："p.picL(1,"arrow.png").rt(45).picU(0).pic(1);" 图片按笔方向右转 45 度后显示。

　　示例 2："p.picL(1,"arrow.png").rt(45).picU(1).pic(1);" 不受画笔方向影响，图片按原来的方向显示。

示例1结果　　　　示例2结果
```

根据图7-4的效果，修改程序7-4，使快递机器人在A、B、C各位置的方向正确。

显身手

1．下面哪一个是显示8号图片的命令？（　　　　）

A．p.picU(8);　　　　　　　　　B．p.pic(8);

C．p.picL(8,"a.png");　　　　　D．p.size(8);

2．命令"p.picU(0);"的作用是使显示图片命令"p.pic( );"显示的图片（　　　　）。

A．方向始终向上　　　　　　　B．方向始终向下

C．按画笔的方向显示　　　　　D．方向始终向左

3．修改程序7-5，将展厅中的白色机器人图片"white.png"换为蓝色机器人图片"blue.png"。

表7-5

程序	运行结果
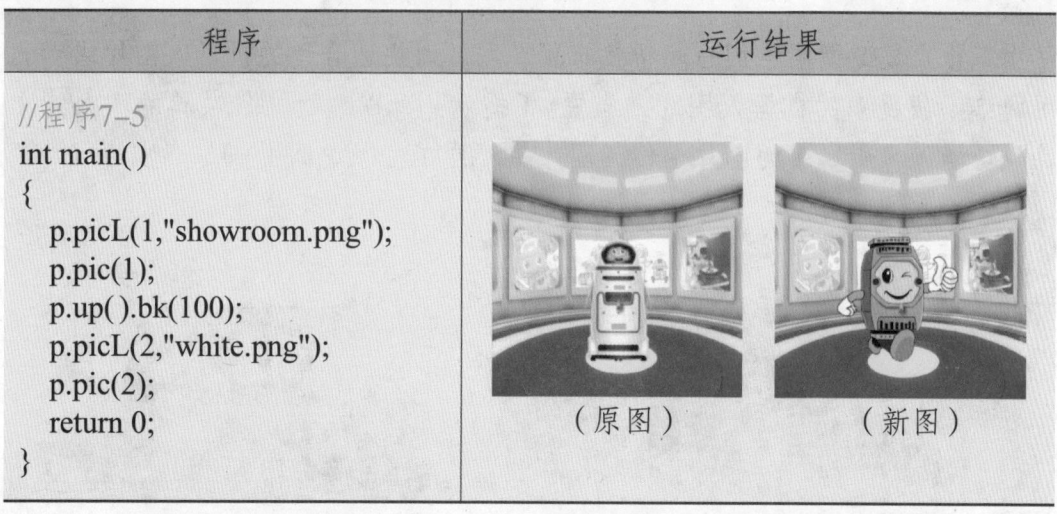	

```
//程序7-5
int main( )
{
  p.picL(1,"showroom.png");
  p.pic(1);
  p.up( ).bk(100);
  p.picL(2,"white.png");
  p.pic(2);
  return 0;
}
```

（原图）　　　　　　　（新图）

4．完善程序7-6，实现机器人跳舞的情境。

 走进 GoC 的编程世界

表 7-6

程序	运行结果
| ```
//程序7-6
int main( )
{
    p.picL(1,"venue.png");
    p.picL(5,"robot4.png"); //调入跳舞机器人图片 "robot4.png" 并编为 5 号
    p.pic(1);
    _____; //让机器人跟随笔的方向显示
    p.up( );
    //=== 显示 3 个机器人 ===
    p.bk(280).lt(40).fd(280). ____; //显示左侧的机器人
    p.bk(280).rt(40).fd(280).pic(5);
    p.bk(280)._____.fd(280).pic(5);
    return 0;
}
``` |  |

工作人员邀请同学们一起帮忙布置展厅，请挑选合适的机器人图片或者利用网络下载更多的机器人图片来布置。（提示：可以通过文件菜单的"上传文件"功能，将所要用的图片上传到图片库，再在程序中调用。）

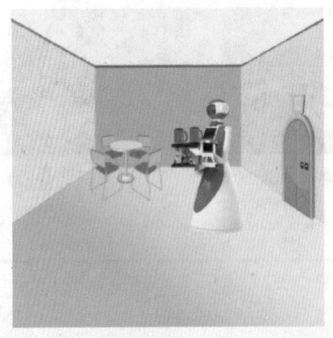 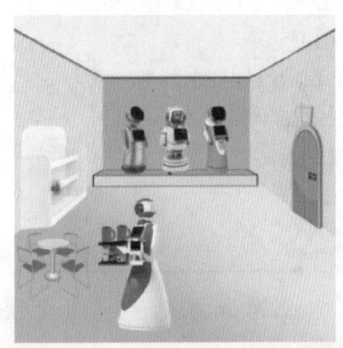

图 7-5
```

 评价栏

表 7-7

评价要点	是否过关		我还想学习这些知识
会用 p.picL( ) 命令调入图片	是□	否□	
会用 p.picU( ) 命令设置图片是否按画笔方向显示	是□	否□	
会用 p.pic( ) 命令显示图片	是□	否□	
能编程完成简单的拼图	是□	否□	
我在这一课的学习中，共过了_____关			

走进 GoC 的编程世界

第8课 全息投影
——输入与存放数据

小 C 正沿着线路参观，忽然一头恐龙呼啸着扑面而来，仿佛已置身于神秘的恐龙世界，原来他进入了配备全息投影的动感影厅。全息投影技术是一种不需要配戴 3D 眼镜，就可在观众面前显示立体虚拟场景的技术。

图 8-1

一、显示恐龙

小 C 觉得全息投影技术很神奇，决定编程显示图 8-1 所示的全息投影场景。

运行程序 8-1，并结合图形理解程序。

表 8-1

程序	运行结果

//程序8-1
int main( )
{
　p.hide( );
　p.picL(1,"sl.jpg").pic(1); // 调入并显示背景图片
　p.picL(2,"kl.png"); // 调入恐龙图片
　p.pic(2);
　return 0;
}	

二、改数据让恐龙变身

恐龙太大，超出屏幕边界了，如何修改程序将其缩小呢?

在程序 8-2 中的横线位置分别填入 200、400、600、800 并运行程序，体验恐龙的变化。

表 8-2

程序	运行结果

//程序8-2
int main( )
{
　p.hide( );
　p.picL(1,"sl.jpg").pic(1);
　p.picL(2,"kl.png");
　p.pic(2,_____,500);
　return 0;
}	

显示图片命令：p.pic(图片编号 , 宽 , 高);

作用：以画笔的位置为中心，按指定的宽和高显示编号对应的图片。如果只按原来的大小显示图片，可以不写宽和高两个参数，这就是该命令的特殊形式 "p.pic(图片编号);"。

示例："p.pic(2,200,500);" 按照宽 200、高 500 显示 2 号图片。

如果要按宽为 500、高为 300 显示恐龙图片，怎么修改以上程序呢？

三、输入数据让恐龙变身

每次都要在程序中改数据才能改变恐龙大小，实在麻烦，有更好的方法吗？

（一）输入图片宽度

利用输入语句，在运行程序时才输入数据，可大大提高程序的灵活性。

多次运行程序 8-3，输入不同的数据，仔细观察恐龙有什么变化。

表 8-3

程序	运行结果
``//程序8-3
int main( )
{
p.hide( );
p.picL(1,"sl.jpg").pic(1);
p.picL(2,"kl.png"); //调入恐龙
图片
int w; //定义变量 w
cin>>w; //输入图片的宽度并
存入变量 w
p.pic(2,w,500); //按照宽 w、高
500 显示恐龙图片
return 0;
}```	200 在输入窗口输入一个数值，然后按"Enter"键。 输入：200

① 定义整数变量：int 变量名；

作用：定义一个整数变量，用来存放一个整数。每个变量都要有一个变量名，变量名只能由字母、数字和下画线组成，且必须以字母开头。

示例："int tz8;"定义了一个可存放整数的变量 tz8。

② 输入语句：cin>> 变量名；

作用：接受从输入窗口输入的数据，并存放到指定的变量中。

示例："cin>>sg;"接受输入的数据，并存放到变量 sg。

如果要将恐龙图片的宽定为 600，图片的高用变量 h 存放并在运行程序时输入，如何修改程序 8-3？

（二）输入图片的宽和高

如果想在程序运行时输入图片的宽和高，让恐龙自由变身。怎么办呢？

大胆试

完善程序 8-4，多次运行并输入不同的数据，观察恐龙宽和高的变化。

表 8-4

程序	运行结果

//程序8-4
int main( )
{
  p.hide( );
  p.picL(1,"sl.jpg").pic(1);
  p.picL(2,"kl.png");
  int w,h; //定义变量 w 和 h
  cin>>w>>h; //输入宽和高，分别存入变量 w 和 h 里
  p.pic(2,w,_____); //按照宽 w、高 h 显示 2 号图片
  return 0;
}
	输入：800　500
	
	输入：200　400

①定义多个整数变量：int 变量名 $_1$，变量名 $_2$，…，变量名 $_n$；

作用：同时定义多个整数变量。变量名之间用逗号隔开。

示例："int w,h;"定义两个整数变量 w 和 h，作用等同于：

    int w;

    int h;

②输入多个变量的值：cin>> 变量名 $_1$ >> 变量名 $_2$ >>… >> 变量名 $_n$；

作用：输入多个变量的值。每个变量名前都要加 ">>" 号。

示例："cin>>w>>h;"从键盘输入两整数，分别存放在变量 w 和 h 中。在输入数据时，第 1 个值与第 2 个值之间用空格隔开。

显身手

1. 执行以下程序段时，从键盘输入"2"，运行结果是（　　　）。

cin>>s;

p.pic(s);

A．显示 1 号图片　　　　　　　　B．显示 2 号图片

C．显示 3 号图片　　　　　　　　D．显示 s 号图片

2. 执行以下程序段时，输入"200　100"，程序显示图片的宽是（　　　）。

cin>>a>>b;

p.pic(1,a,b);

A．100　　　　　B．200　　　　　C．300　　　　　D．1

3. 要显示一个红色的直方图表示分数的高低，其中图的宽为 30、高为成绩的值。请完善程序 8-5。

表 8-5

程序	运行结果

//程序8-5
int main( )
{
　　int cj;
　　cin>>cj; //输入成绩
　　p.rr(_____,_____,1);
　　return 0;
}
	（输入 80）　　　（输入 50）

创意园

工作人员想增加更多的恐龙影像，让游客能随心所欲地投影不同的恐龙。请利用恐龙图片，编程完成以下任务：

（1）输入一个恐龙的编号 bh，显示对应编号的恐龙。

（2）分别输入恐龙的编号 bh、宽 w、高 h，并按照宽 w、高 h 显示编号为 bh 的恐龙。

图 8-2

 评价栏

表 8-6

评价要点	是否过关		我还想学习这些知识
能举例说明变量的作用	是□	否□	
会定义一个或多个 int 类型的整数变量	是□	否□	
能用 p.pic( ) 命令按指定的编号、宽和高显示图片	是□	否□	
会用输入语句 cin 编程输入整数	是□	否□	
我在这一课的学习中，共过了_____关			

 自动感应

—— 用 if 语句判断

经过自动门进入游客休息室，各种家居科技产品立刻映入小 C 的眼帘，令人大开眼界，有感温水杯、自动窗帘……这些产品的共同特点，都是使用了一类叫传感器的部件接收外界信息，以实现产品的"自动"功能。

图 9-1

一、自动感应门

自动感应门能通过人体感应器检测出人与门之间的距离，当人走近时，门就会自动打开，否则就会关闭。

假设触发感应门打开的距离小于 150 厘米，请你根据下表中人与门的距离判断门是否会打开。

表 9-1

人与门的距离 / 厘米	感应门是否打开
500	
100	
120	
300	
150	
70	
800	

先后运行 7 次程序 9-1 并依次输入表 9-1 中的数据，观察门的开关状态，体会人到门的距离与门开关状态的关系。

表 9-2

程序	运行结果

`//程序9-1`
`int main( )`
`{`
`    p.picL(1,"open.png"); //调入开门图片`
`    p.picL(2,"close.png"); //调入关门图片`
`    p.pic(2); //显示关门图片`
`    int jl; //定义用于存放距离的变量jl`
`    cin>>jl;`
`    if(jl<150) p.pic(1); //如果距离n 小于150就`
`显示开门图片`
`    return 0;`
`}`
	（输入 100）
	
	（输入 200）

①判断语句：if（条件表达式）语句；

作用：当条件表达式的值为 True（即"真"）时执行后面的语句，否则不执行后面的语句。当 if 后面需要执行多个画图命令时，可以写成连发命令，也可以用一对大括号"{ }"将多个单独写的命令括起来。

示例："if(jl<150) p.pic(1);"表示如果 jl 小于 150 就显示 1 号图片。

②关系表达式

作用：由关系运算符连接起来的运算式子叫关系表达式，其结果为 True（"真"）或 False（"假"）。关系运算包括">"（大于）、"<"（小于）、">="（大于或等于）、"<="（小于或等于）、"=="（等于）、"!="（不等于）共 6 种。

示例：$t=200$ 时，"$t<280$"的运算结果为 True；$x=80$ 时，"$x+10>100$"的运算结果为 False。

如果将程序 9-1 中"if(jl<150)"改为"if(jl<=150)"，那么表 9-1 中哪些"门"的开关状态会改变？为什么？

二、智能感温水杯

在科技馆的休息室中，小 C 发现一些奇妙的智能感温水杯：只要水温不超过 55 摄氏度，杯子盖上的标志就是绿色，超过 55 摄氏度就是红色的。

水温分别为 100,70,30,55,20,65,81 时，智能感温水杯的颜色分别是什么？

大胆试

根据智能感温水杯的原理完善程序 9-2，然后输入水温数据验证程序是否正确。

表 9-3

程序	运行结果

//程序9-2
int main( )
{
  p.picL(1,"green.png");
  p.picL(2,"red.png");
  int w; //定义代表水温的变量 w
  cin>>w; //输入水温值
  if(_____) p.pic(1);
  if(_____) p.pic(2);
  return 0;
}
	（输入 50）
	
	（输入 90）
	
	（输入 55）

显身手

1. 计算表 9-4 中关系表达式的值。

表 9-4

变量值	关系表达式	运算结果（True/False）
a 为 36	$a>50$	
b 为 10	$b<=10$	
c 为 15	$c>=5$	
a 为 50	$a!=50$	
b 为 100	$b==100$	

2．如果用变量 *n* 存放电梯所在的楼层，那么如何判断小 C 坐的电梯已经到达了 10 楼并打开电梯门？正确的一个语句是（   ）。

A．if(n<10) p.pic(1);

B．if(n>10) p.pic(1);

C．if(n!=10) p.pic(1);

D．if(n==10) p.pic(1);

3．小 C 在展馆发现了一个宝箱，现场工作人员告诉他，这个智慧宝箱的密码是当前的月份数。请你跟他齐心合力完善程序 9-3，以便能输入正确的密码打开宝箱。

图 9-2

表 9-5

程序	运行结果

//程序9-3
int main( )
{
　　p.picL(1,"box1.png");
　　p.picL(2,"box2.png");
　　p.pic(1);
　　int key1,key2;
　　key1=getMonth( ); // 获取当前月份存到 key1 中
　　cin>>key2; // 输入密码存到 key2
　　if(＿＿＿==key2) p.pic(2); // 判断输入的密码是否正确
　　return 0;
}
	（输入密码正确）

编写一个程序选择运送救灾物资的交通工具：如果救灾地点距离当前交通工具 10 公里以内（含 10 公里），则用汽车运送；如果在 10 公里以上则用直升机运送。

图 9-3

 评价栏

表 9-6

评价要点	是否过关		我还想学习这些知识
会计算关系表达式的值	是□	否□	
会根据条件写出关系表达式	是□	否□	
能分析出含 if 语句程序的执行结果	是□	否□	
能用 if 语句编写需要判断的程序	是□	否□	
我在这一课的学习中，共过了_____关			

高铁列车

——用 for 语句实现重复

　　来到科技馆的现代交通展区，小 C 看到里面陈列着各式各样的交通工具，特别是其中长长的高铁列车模型尤其引人注目。高铁列车的奔跑时速可达 300 公里以上，相比传统火车更快、更安全、更舒适。

高铁列车实物图

编程效果图

图 10-1

　　仔细观察图 10-1 的编程效果图，说说高铁列车的外形特点。

一、显示车头

　　高铁列车由一个车头和多节车厢组成，要显示整辆列车，可以先显示车头。

运行并理解程序 10-1。

表 10-1

程序	运行结果

`//程序10-1`
`int main( )`
`{`
`    p.up( ).rt(90).bk(300); //设置显示车头的位置`
`    p.picL(1,"ct.png"); //调入车头图片`
`    p.pic(1); //显示车头`
`    return 0;`
`}`

如果要使车头的位置往左移 450，应怎么修改程序 10-1？

二、显示车厢

小 C 发现，图 10-1 编程效果图中的高铁列车由 1 个车头和 6 节相同的车厢组成。怎么显示这些车厢呢？

（一）显示 1 节车厢

显示了车头后，画笔处在车头的中心位置，需要移动到第 1 节车厢的中心位置，再显示第 1 节车厢。

假设列车车头和每节车厢的长度都是 100，请完善程序 10-2 显示第 1 节车厢。

表 10-2

程序	运行结果
```//程序10-2int main( ){ p.up( ).rt(90).bk(300); p.picL(1,"ct.png"); p.picL(2,"cx.png"); //调入车厢图片 p.pic(1); //显示车头 p._____.pic(2); // 显示第 1 节车厢 return 0;}```	

如果车厢长度是 120，应怎么修改程序 10-2？

（二）显示 6 节车厢

所有车厢都相同，重复执行 6 次显示 1 节车厢的代码，就可以显示 6 节车厢。

完善程序 10-3，显示 6 节车厢。

表 10-3

程序	运行结果

//程序10-3
int main( )
{
    p.up( ).rt(90).bk(300);
    p.picL(1,"ct.png");
    p.picL(2,"cx.png");
    p.pic(1);
    p.fd(100).pic(2); // 显示第 1 节车厢
 	
    ————————
    ————————
    ————————
    ————————
 	
    return 0;
}	

如果高铁列车有 16 节甚至更多车厢，你还喜欢按上面逐步增加语句的方式来拼接每节车厢吗？

运行程序 10-4，体验用 for 语句重复拼图的程序。

表 10-4

程序	运行结果

//程序10-4
int main( )
{
  p.up( ).rt(90).bk(300);
  p.picL(1,"ct.png");
  p.picL(2,"cx.png");
  p.pic(1);
  for(int i=0;i<6;i++) // 重复 6 次
    p.fd(100).pic(2); // 显示 1 节车厢
  return 0;
}

重复语句:

  for（int 循环变量 =0；循环变量 < 次数；循环变量 ++ ）

    循环体;

作用: 按指定的次数重复执行循环体中的语句。

示例:

  p.rt(90);

  for(int i=0;i<5;i++)

    p.e(30,30).fd(60);

运行结果是:

如果要画 16 节车厢,怎样修改程序 10-4?

显身手

1．语句"for(int i=0; i<10; i++) p.fd(10);"循环执行的次数是（　　　　）。

A．0　　　　　　B．9　　　　　　C．10　　　　　　D．11

2．程序 10-5 显示小企鹅数量正确的是（　　　　）。

表 10-5

程序	运行结果

//程序10-5
int main( )
{
　p.picL(1,"penguin.png");
　p.up( ).rt(90);
　for(int i=0;i<4; i++)
　　p.pic(1).fd(65);
　return 0;
}
	A.　　　　
	
	B.　　　
	
	C.　　
	
	D.

3．完善程序 10-6，显示 3 台相同的自助收银机。

表 10-6

程序	运行结果

//程序10-6
int main( )
{
　p.picL(1,"bj.png");
　p.picL(2,"yin.png");
　p.pic(1); // 显示背景
　p.up( ).bk(50).rt(90).bk(400); // 设定
第 1 台收银机的位置
　for(int i=0; i<_____;i++)
　　p.fd(200)._____; // 显示 1 台自动
收银机
　return 0;
}
	自助收银台 Self Checkout

 创意园

共享汽车的出现为人们的生活带来了便捷，请参考图 10-2 其中一个场景，选择停车场图片和车辆图片，编程显示一排共享汽车。

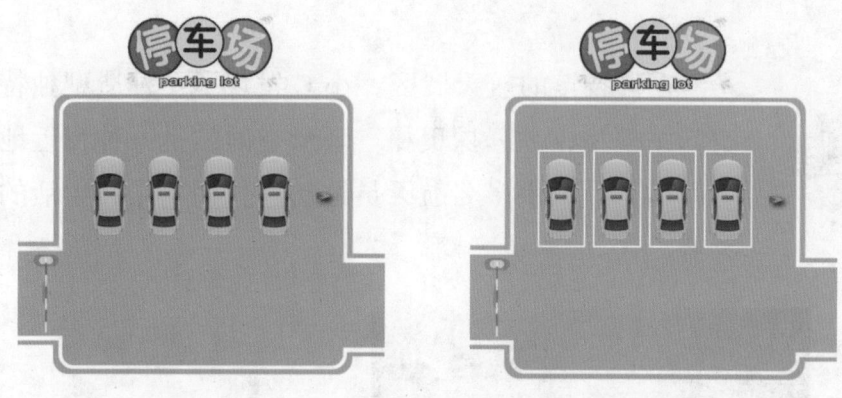

图 10-2

评价栏

表 10-7

评价要点	是否过关		我还想学习这些知识
知道 for 语句的格式和作用	是☐	否☐	
会确定要重复显示图片的中心位置	是☐	否☐	
能分析出用 for 语句重复画图的个数	是☐	否☐	
能用 for 语句按一定次序重复显示多个相同的图片	是☐	否☐	
我在这一课的学习中，共过了_____关			

第11课 环形空间站
——画正多边形

在科技馆的航天展区，小 C 发现了一种造型独特的环形空间站模型，欲一探奥秘。环形空间站是一种在近地轨道长时间运行、可供多名航天员巡访、长期工作和生活的载人航天器。

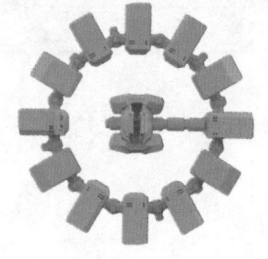

图 11-1

请认真观察环形空间站，说一说它的形状有何特点？

一、空间站的形状

为准确分析，小 C 找来科技馆的专业人士对环形空间站的模型进行扫描绘图，发现它的内圈是一个正十二边形。

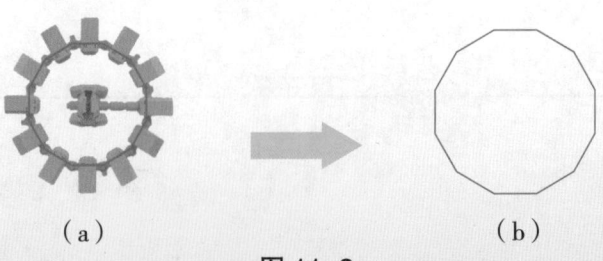

（a）　　　　　（b）

图 11-2

①正多边形的所有边、所有角都相等。
②边数为 n 的正多边形，就叫作正 n 边形。
例如：图 11-2（b）中的图形是正十二边形。

二、画正方形

我们知道了空间站内圈是一个正十二边形，怎么把它画出来呢？我们先从常见的正方形开始吧。

请打开并演示"旋转演示—正方形的旋转"，仔细观察正方形的画法，然后完善程序 11-1，画出边长为 100 的正方形。

表 11-1

程序	正方形的画法演示
| ```
//程序11-1
int main( )
{
    p.c(1);
    for ( int i=0; i < ___ ; i++ )
    p.fd(100).rt( _____ );
    return 0;
}
``` | 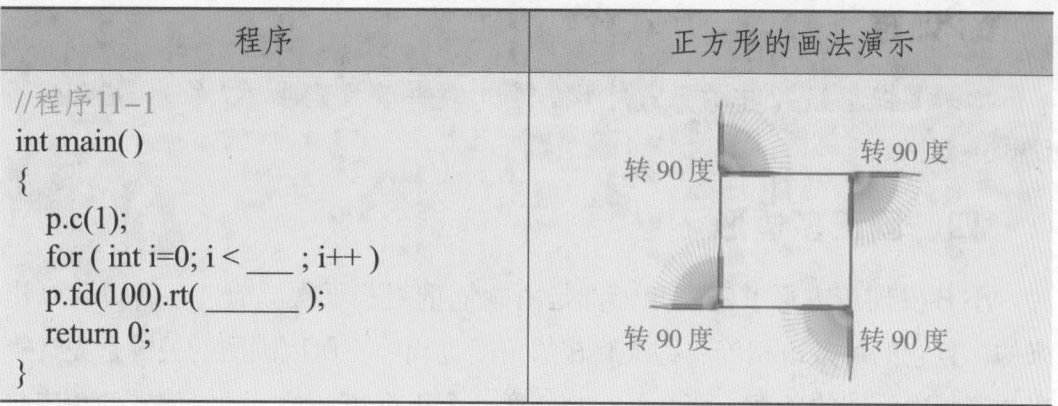 |

如果要按逆时针方向画出边长为 132 的正方形，应该如何修改程序 11-1 呢？

三、画正三角形

画正方形时，每画完一条边就要将画笔转 90 度，然后再画下一条边。那么画正三角形时，画笔需要转多少度呢？
```

请打开并演示"旋转演示—正三角形的旋转",仔细观察正三角形的画法,然后完善程序 11-2,画出边长为 100 的正三角形。

表 11-2

程序	正三角形的画法演示

`//程序11-2`
`int main( )`
`{`
`    p.c(1);`
`    for ( int i=0; i < ___ ; i++ )`
`    p.fd(100).rt(_____);`
`    return 0;`
`}`

如果要将表 11-2 中的正三角形左转 90 度并改为蓝色（7 号），应如何修改程序 11-2?

四、画正多边形

小 C 发现正方形、正三角形都是由画笔重复若干次"前进—转弯"画出来的,且它的每条边相等、每次旋转的角度也相等,所以画图的关键是先计算出画笔每次旋转的角度。那么,在画任意一个正多边形时,画笔旋转的角度是多少呢?

请观察表 11-3 的正多边形,认真总结规律,完成填空。

表 11-3

正多边形	边数	画笔每次旋转的角度
	3	120
	4	90
	5	72
	6	
	7	
	8	
	10	

正 n 边形每次旋转的角度 =360.0÷ _____

完善画正 n 边形的程序 11–3。

表 11–4

程序	运行结果

//程序11-3
int main( )
{
  int n;
  cin>>n; // 从键盘输入边数 n
  for (int i=0; i < n; i++)
    p.fd(100).rt(360.0 / _____);
  return 0;
}
	（输入：12）

①算术表达式：用加、减、乘、除等运算符将数或变量连接起来进行计算的式子，叫算术表达式。表达式中的乘号要用"*"表示，除号要用"/"表示。

示例：35+7，20*13–2，6*k，x/5 等都是算术表达式。

②画正 n 边形时画笔转角的计算：

用"360.0/n"计算转角，以便能保留小数。如果写成"360/n"，则只取结果的整数商（如 360/7 的值为 51）。

如果要将多边形的边加粗到 3，并按逆时针方向的顺序画正多边形，如何修改程序 11–3？

1．下列图形不属于正多边形的是（　　）。

A.　　　　B.　　　　C.　　　　D.

2．画正十边形时画笔每次要旋转的角度是（　　）。

A．10 度　　　　B．36 度　　　　C．60 度　　　　D．120 度

3．海盗喜欢把宝石藏在正多边形的每一个角上，请你完善程序 11-4，找到每一颗宝石。

表 11-5

程序	运行结果
```//程序11-4 int main( ) { p.picL(1, "baoshi.png"); // 调入宝石图片 p.hide( ).c(4); int n; cin>>n; for (int i=0; i < n ; i++) p.fd(100).pic(__).rt(_____); return 0; } ```	（输入：6）

1．请编程画一个边长为 60、粗细为 10 的橙色（14 号）正五边形。

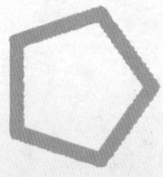

图 11-3

2．请运用已学知识，编程创作更多关于正多边形的作品。

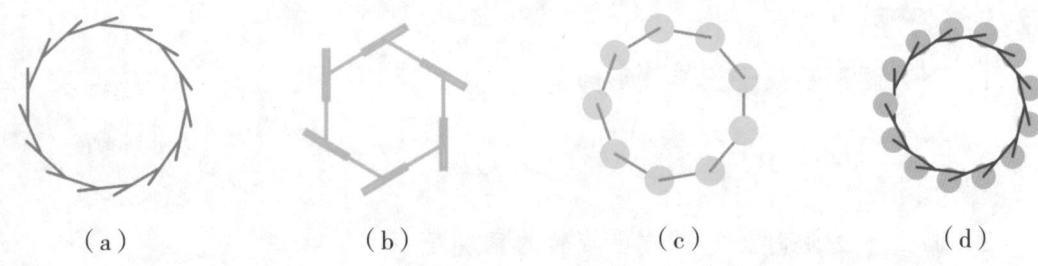

（a） （b） （c） （d）

图 11-4

表 11-6

评价要点	是否过关		我还想学习这些知识
知道正多边形的特点	是□	否□	
会计算画正多边形时每次要旋转的角度	是□	否□	
能编程灵活画出不同边数的正多边形	是□	否□	
我在这一课的学习中，共过了_____关			

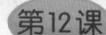

第12课 抽取纪念品

——巧用随机函数

小 C 参观完科技馆，编程画出了很多漂亮的科技产品。为鼓励小 C 爱科学、学科学，馆长给了小 C 一个抽奖机会，让他在各种科技产品的模型中，抽取其中一个作为纪念品。

（1）高铁列车　　　（2）智能机器人　　　（3）霓虹灯管　　　（4）无人机

（5）无人驾驶汽车　　　（6）无叶风扇　　　（7）智能音箱　　　（8）智能眼镜

图 12-1

一、神奇的抽号机

如何随机抽取一种纪念品呢？我们可以设计一个抽号机来帮助小 C。运行抽号程序，屏幕显示的数字就是抽中的纪念品编号。

连续运行 10 次程序 12-1，观察屏幕每次显示了哪些数字。

走进 GoC 的编程世界

表 12-1

程序	运行结果

//程序12-1
int main( )
{
  p.picL(1,"num.png");
  p.pic(1);
  int m;
  m=rand(1,8); // 随机产生 1～8，放入
变量 m 中
  p.text(m,1,100); // 屏幕显示 m 的内容
  return 0;
}
	抽取纪念品
	
	6

①随机函数：rand(整数 1, 整数 2);

作用：在整数 1 到整数 2 之间随机取一个整数。

示例："rand(1,8);"能在 1 至 8 之间随机生成一个整数。

②显示文字命令：p.text(文字内容, 颜色, 大小);

作用：按指定的颜色和大小在当前画笔的位置显示文字内容。在实际书写该命令时，因为文字内容是一个字符串，因此要用双引号。

示例："p.text(" 您好!",1,50);"将在屏幕显示大小为 50 的红色文字"您好！"。

③赋值语句：变量名＝表达式；

作用：计算"="右边表达式的值并存放到左边的变量中。其中"="称为赋值号。

示例："x3=rand(10,60);"在 10 至 60 之间随机取一个整数，存放到变量 x3 中。

1．如果要产生 1 ~ 30 内的整数，应该如何修改程序 12-1？

2．如果要将显示号码的字号缩小一半，又应该如何修改程序 12-1？

二、跳动的数字

为了烘托抽奖的紧张气氛，我们可以在同一位置连续显示随机产生的数字，从而呈现数字"跳动"的效果。

完善并运行程序 12-2，实现抽取数字"跳动"的效果。

表 12-2

程序	运行结果

//程序12-2
int main( )
{
　p.hide( );
　p.picL(1,"num.png");
　p.pic(1);
　int n;// 定义变量 n 存数字跳动次数
　cin>>n;
　for(int i=0;_____;i++)
　　{
　　　p.rr(150,150,15); // 覆盖上一个数字
　　　int m;
　　　m=rand(1,8);
　　　p.text(m,1,100);
　　　wait(0.2);
　　}
　return 0;
}
	抽取纪念品
	
	6

①等待命令：wait(秒数);

作用：让程序等待指定的秒数，再执行下一个语句。

示例："wait(0.2);"执行时会等待 0.2 秒。

②复合语句：{ 多个语句 }

作用：用 "{ }" 把多个语句括起来，这部分就叫复合语句。for 语句的循环体若多于一个语句，就必须用 { } 括起来，以组成一个复合语句。

示例：

```
p.lt(90);
for(int k=0;k<3;k++)
    {
        p.o(35,3);
        p.up().fd(80);
    }
```

该程序段的执行结果为：

1．如果删除程序 12-2 中的 "p.rr(150,150,15);"，程序运行结果有什么变化？

2．如果要改变数字的 "跳动" 速度，应如何修改程序 12-2？

三、幸运大转盘

参观科技馆之行将要结束，馆长再奖励小 C 拨动一次幸运大转盘，以奖励他一件小礼品，看看小 C 能获得什么小礼品。

运行程序12-3，观察运行结果，理解程序。

表12-3

程序	运行结果
| ```
//程序12-3
int main( )
{
    p.picL(1,"zhuangpan1.png"); // 转盘图片
    p.picL(2,"zhizhen.png"); // 指针图片
    p.hide( ).speed(10);
    int x;
    x=rand(10,20); // 控制转盘转动10～20次
    for(int i=0; i<x; i++) // 动感旋转转盘
    {
        p.rt(36); // 每次转动36度
        p.picU(0).pic(1);
        p.picU(1).pic(2);
        wait(0.04);
    }
    return 0;
}
``` | (图) |

如果想控制转盘转 20～30 次，怎样修改程序？

1. 随机产生 5～15 范围的整数，正确的语句是（   ）。

A．a=rand(1,5);   B．a=rand(1,15);

C．a=rand(10,15);   D．a=rand(5,15);
```

走进 GoC 的编程世界

2．要想在屏幕显示大小为 40 的红色文字"不忘初心"，正确的命令是（　　　　）。

A．p.text（不忘初心,1,40）;　　　　B．p.text（"不忘初心",1,40）;

C．p.text（不忘初心,40,1）;　　　　D．p.text（"不忘初心",40,1）;

3．完善模拟掷骰子游戏程序 12-4。骰子是一颗正立方体，它六个面分别由 1 ~ 6 六个点数组成，掷骰子时每次能随机获得一种点数（朝上面的点数）。

表 12-4

程序	运行结果

`//程序12-4`
`int main( )`
`{`
`  p.picL(1,"one.png");`
`  p.picL(2,"two.png");`
`  p.picL(3,"three.png");`
`  p.picL(4,"four.png");`
`  p.picL(5,"five.png");`
`  p.picL(6,"six.png");`
`  p.picL(7,"shaizi.png");`
`  p.pic(7); p.hide( );`
`  int a;`
`  for(int i=0;i<10;i++)`
`    {`
`       a=_____;`
`       wait(0.2);`
`       p.pic(____);`
`    }`
`  return 0;`
`}`	

1．百变机器人：随机生成机器人的宽和高（宽和高的范围都是 10 ~ 1000），并把机器人显示出来。

86

图 12-2

2．编写一个程序实现如下功能：随机生成两个二位数，显示这两个数的加法算式，在输入答案后，若答对则显示"正确！"，否则显示"错误！"。

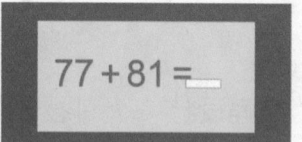

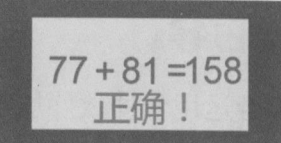

图 12-3

 评价栏

表 12-5

评价要点	是否过关		我还想学习这些知识
会利用随机函数 rand( ) 生成指定范围的整数	是□	否□	
会用 p.text( ) 按指定的大小、颜色显示文字	是□	否□	
会用赋值语句给变量赋值	是□	否□	
会用 wait( ) 语句设置数字跳动的速度	是□	否□	
能利用随机数制作简单的小游戏	是□	否□	
我在这一课的学习中，共过了_____关			

 畅想未来新科技

——描绘科技应用场景

科技改变生活，让世界多姿多彩。你还见过哪些有趣的高科技产品吗？请发挥你的想象力，畅想科技产品的应用场景，描绘出来和大家一起分享吧！

活动内容

1. 综合运用各种软件加工素材，并用 GoC 编程设计一个科技产品的生活应用场景。

2. 评选出设计新颖，有科技性、艺术感和生活化的场景。

活动建议

1. 以小组合作的方式开展创作活动。

（1）确定组长，由组长负责创作活动的统筹工作。

（2）组内讨论，确定选题并对作品创作活动进行策划。

（3）组员分工：科技知识丰富的同学负责设计策划书编写，美术基础好的同学负责图案设计和版面布局，编程能力强的同学负责程序编写与调试等。

2. 作品创作过程中，积极邀请其他成员进行讨论，征集意见修改作品。

3. 利用评价表开展作品评价和学习过程表现评价，互相交流在合作创作中的心得体会，选出一批优秀作品进行公开展示。

一、确定主题

1. 在组长带领下进行头脑风暴，发挥个人想象力，共同讨论并确定科技作品及应用场景的主题，主题要积极向上、贴近生活，容易合作完成。

2. 小组讨论确定科技应用场景的名称：_____。

3. 对该作品的初步想法：

二、作品策划

1. 小组集体讨论完成作品各方面的策划。

表 13-1

分类	详细说明
场景设计	
造型设计	
程序设计	
作品合成	

2. 小组分工。

（1）_____负责_____工作。

（2）_____负责_____工作。

（3）_____负责_____工作。

（4）_____负责_____工作。

3. 我的任务要点及实现思路。

三、作品创作

1. 我完成的任务。

2. 我在完成任务过程中遇到的问题及解决办法。

3. 作品演示程序要解决的问题。

4. 邀请组内外同学参与讨论，根据大家的反馈意见进一步修改完善。

根据活动评价表的标准对各小组作品进行评价，并根据总分评出最佳作品。

表13-2

评价标准	评价指标	分值			得分
		优	良	一般	
主题（20分）	选题突出科技性	10	8	6	
	主题思想积极	10	8	6	
作品素材（12分）	作品素材丰富	6	4	2	
	素材加工效果好	6	4	2	
作品画面（44分）	场景布局合理	12	10	7	
	角色元素多样	12	10	7	
	表现手法独特	20	16	12	
作品程序（24分）	结构简明清晰	12	10	7	
	编程知识丰富	12	10	7	

合计得分：

作品简评及改进建议：

活动体验

1. 在欣赏同学的作品时，给我最大启发的作品有：

2. 通过本次编程作品的设计，我在下列知识和能力方面有了提高：

3. 通过本次编程作品设计制作实践，我获得以下的体会：

一、选题参考

小 C 的小组进行头脑风暴后，选了"绿色能源打造美好家园"主题，总体构思是：在山丘上布置房屋庭院、用风力发电的生活场景，感受人、自然、科技和谐共处的美好生活。具体策划情况如表 13-3 所示。

表 13-3

任务	设计示例图
场景设计	背景图片（蓝天、白云、草地、山丘） 风力发电机 房屋、庭院
造型设计	风车造型设计　　房屋造型设计

续上表

任务	设计示例图	
程序设计	（1）风叶设计	
	（2）拱形门设计	
	（3）梯形屋设计	
	（4）风车设计	
作品合成		

感受中国节日：
GoC 编程进阶

　　中国的传统节日，形式多样、内容丰富，是中华民族优秀传统文化的重要组成部分。在本单元中，我们将用 GoC 编程创作春节贴春联、元宵节猜灯谜、植树节植树、端午节划龙舟、教师节制作贺卡、中秋节赏花灯、国庆节观看阅兵盛典等一系列作品。通过编程创作，我们不但能学习更多编程的知识与方法，还能深入了解中国节日，深刻感受中华民族优秀传统文化的无穷魅力。

我的学习任务

- 巩固 GoC 编程的基本知识与方法
- 掌握坐标定位、文本显示、音频播放等命令的使用
- 加深理解并掌握分支结构程序、循环结构程序的编写
- 会根据创作主题进行程序作品的构思和规划
- 会运用 GoC 编程综合创作多媒体创意作品

第14课 迎新春

——贴春联

春节是个合家团圆、欢乐祥和的节日。每逢春节，家家户户都在大门上贴春联，辞旧迎新，增添喜庆的节日气氛，寄托对新年的美好愿望。现在，就让我们一起用 GoC 编程"贴春联"吧！

图 14-1

你知道春节还有哪些习俗吗？与同学们交流、分享。

一、作品构思

一副春联由上联、下联和横批组成，"贴春联"作品就是要在房子大门口的两侧和正上方贴上春联的各个部分，以卡通化的房子和人物作为背景图，再"贴上"红底黑字的春联图片，便构成了一幅童趣十足、喜气吉祥的"贴春联"作品。

运行程序 14-1，欣赏作品《贴春联》（图 14-1）并思考：

1. 作品按什么顺序贴春联？

2. 如何确定要贴春联的上联、下联和横批各自的中心位置？

提前准备一个房子背景图及一副春联的上联、下联和横批 3 个图片文件，在程序中把它们按真实生活中贴春联的顺序分别显示在指定的位置上，便完成了"贴春联"作品。具体步骤如表 14-1 所示。

表 14-1

步骤	图形
第一步： 显示背景图片	
第二步： 确定要贴上联、下联、横批的中心 位置	
第三步： 把画笔移到贴上联的中心位置，显 示上联	
第四步： 把画笔移到贴下联的中心位置，显 示下联	
第五步： 把画笔移到贴横批的中心位置，显 示横批	

二、显示房子背景图

春联是贴在房子大门两侧的，因此贴春联之前要先把房子的背景图显示出来。

完善并运行程序 14-2，显示房子背景图，如表 14-2 所示。

表 14-2

程序	图形
```// 程序 14-2 int main() { 　p.picL(1,"house.png"); // 调入房子背景图 　_____; // 显示房子背景图 　return 0; }```	

三、确定春联位置

春联的各部分要工整、对称地贴在门口合适的位置上，才显得美观，也能更好地衬托新年的欢乐气氛。

运行程序 14-2 后再单击"画坐标"按钮，便可对大门进行目测，再结合春联各部分的宽、高情况估算出上联、下联、横批要贴的中心位置（如图 14-2 所示）。

图 14-2

坐标 (x, y) 用于表示一个点的位置，其中 x, y 分别为该点的横坐标和纵坐标的值。例如：图 14-2 中估算的贴横批的中心位置坐标（0，70），表示该点的横坐标值为 0，纵坐标值为 70。

请观察图 14-3，说一说屋顶上小鸟的中心位置（笔尖所指处）的坐标值是多少？（　　，　　）

四、贴上联

上联是指春联中的第一句。确定了春联各部分要贴的中心位置，就可以在对着大门的右侧贴上联了。

图 14-3

完善并运行程序 14-3，显示上联，如表 14-3 所示。

表 14-3

程序	图形
```// 程序 14-3int main(){ p.picL(1,"house.png"); p.pic(1); p.picL(2,"d1-L.png"); // 调入上联 p.moveTo(____, ____); // 把画笔移动到贴上联的中心位置 p.pic(2); // 显示上联 return 0;}```	

移动命令"p.moveTo(x,y);"把画笔移动到指定的位置。此命令不会画出线条，画笔的方向也不会改变。

例如：语句"p.moveTo(-200,100);"的作用是把画笔移动到横坐标为 -200、纵坐标为 100 的位置。

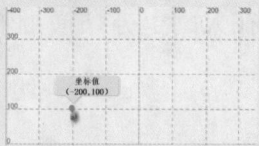

五、贴下联

下联是指春联中的第二句，它与上联相呼应。已经贴好了上联，我们一起在对着大门的左侧贴下联吧。

完善并运行程序 14-4，显示下联，如表 14-4 所示。

表 14-4

程序	图形

// 程序 14-4
int main()
{
　p.picL(1,"house.png");
　p.pic(1);
　p.picL(2,"d1-L.png");
　p.moveTo(160, -100);
　p.pic(2);
　p.picL(3,"d1-R.png"); // 调入下联
　_____; // 把画笔移动到贴
下联的中心位置
　p.pic(3); // 显示下联
　return 0;
}	

贴下联时，要使上下联对称，下联的中心位置坐标值应如何设置？

六、贴横批

横批能对春联内容起画龙点睛的作用。已经贴好了上联和下联，现在就要在大门上方贴横批啦。

完善并运行程序 14-5，显示横批，如表 14-5 所示。

表 14-5

程序	图形
| ```
// 程序 14-5
int main()
{
    p.picL(1,"house.png");
    p.pic(1);
    p.picL(2,"d1-L.png");
    p.moveTo( 160, -100 );
    p.pic(2);
    p.picL(3,"d1-R.png");
    p.moveTo( -160, -100 );
    p.pic(3);
    p.picL(4,"d1-H.png"); // 调入横批
    _____; // 把画笔移动到贴横批的
中心位置
    p.pic(____); // 显示横批
    return 0;
}
``` | 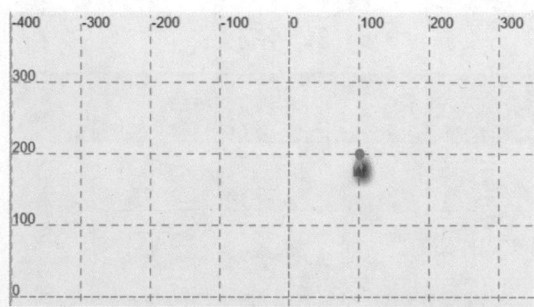 |

1．下图中当前画笔所在的位置坐标值是（　　　）。

A．(100,0)　　　B．(200,100)　　　C．(100,200)　　　D．(0,200)

2．要移动画笔到坐标（50,150）位置，下面命令正确的是（　　　）。

A．p.Moveto (50,150);　　　B．p.moveTo (50,150);

C．p.moveto (50,150)　　　D．p.Tomove (50,150);
```

3．完善并运行程序 14-6，显示"福"字，如表 14-6 所示。

表 14-6

程序	图形

// 程序 14-6
int main()
{
　p.picL(1,"house.png");
　p.pic(1);
　p.picL(2,"f1.png"); // 调入福字图片
　p.moveTo(-70,-100);
　p.pic(2);
　_____; // 移动画笔到大门右
边贴福字的中心位置
　p.pic(2); // 显示福字
　return 0;
}

创意园

春节除了贴春联，还有贴福字、放鞭炮等习俗。参考图 14-4 所示的作品，选择自己喜欢的一副春联贴在大门口上，并在适当的位置挂上灯笼、贴上福字等。

图 14-4

评价栏

表 14-7

要掌握的重点知识	是否过关		我还想学习这些知识
理解位置的坐标	是□	否□	
会用坐标确定图片的中心位置	是□	否□	
掌握移动画笔确定位置的方法	是□	否□	
初步掌握顺序结构程序的编写方法	是□	否□	
我在这一课的学习中，共过了_____关			

—— 猜灯谜

正月十五闹元宵，舞龙、舞狮、踩高跷、放烟花、挂花灯、猜灯谜，热闹非凡！把谜语写在纸条上，系在五彩花灯上供人猜，既启迪智慧又迎合节日气氛。

图 15-1

你的家乡有哪些闹元宵的习俗？与同学们分享交流一下。

一、作品构思

元宵节猜灯谜，其乐无穷。《猜灯谜》作品（图 15-1）用一个节日味十足的封面突出元宵节猜灯谜的主题，表 15-1 是一个包含谜语和谜底两个主要区域的简洁画面，作为"猜灯谜"游戏的人机交互界面。作品通过展现谜语、输入答案、评价并公布谜底环节，让猜谜玩家在静思中迸发出智慧的火花。

运行程序 15-1，玩一玩《猜灯谜》游戏并思考：

1．制作"猜灯谜"游戏，需要准备哪些素材？

2．为什么要在游戏封面等待 3 秒？

创作"猜灯谜"游戏，要准备的素材有：一个有元宵味的封面，一个用于显示谜语、谜底的背景图，一个灯谜。创作时，首先显示封面，等待 3 秒后自动跳转到"猜灯谜"游戏的人机交互界面，然后在上方的谜语区显示灯谜谜面，

并等待玩家输入答案，计算机自动判断对错并在谜底区反馈猜答结果和揭示谜底。具体步骤如表 15–1 所示。

表 15–1

步骤	图形
第一步： 显示封面	
第二步： 显示背景，出示灯谜谜面	
第三步： 玩家思考，输入答案	
第四步： 判断对错，反馈结果	

二、显示封面

一个好的作品离不开漂亮的封面，我们一起给游戏添加一个漂亮的封面吧。

运行并理解程序 15-2，如表 15-2 所示。

表 15-2

程序	图形
```// 程序 15-2int main(){ p.hide(); p.picL(1,"lyx.jpg"); // 调入封面 p.picL(2,"cdm.png"); // 调入灯谜背景 p.pic(1); wait(3); // 等待 3 秒 return 0;}```	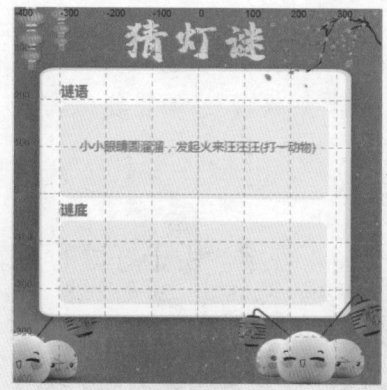

三、出示灯谜

出示灯谜前要先确定位置。显示背景图后，可以利用"画坐标"工具来确定灯谜中心位置的坐标。

图 15-2

请观察图 15-2 中灯谜的坐标，完善并运行程序 15-3，如表 15-3 所示。

表 15-3

程序	图形

// 程序 15-3
int main()
{
　… // 省略程序 15-2 代码
　p.pic(2);
　p.moveTo(0,＿＿＿＿); // 移动到要显示谜语的中心位置
　p.text(" 小小眼睛圆溜溜，发起火来汪汪汪 (打一动物)"); // 显示谜语
　return 0;
}
	猜灯谜
	谜语
	小小眼睛圆溜溜，发起火来汪汪汪(打一动物)
	谜底

显示文本命令 "p.text(" 文本内容 ");" 在当前画笔的位置以当前颜色和默认的字体及大小显示文本。

例如：语句 "p.text(" 你好！ ");" 的作用是以当前颜色和默认的字体大小在屏幕显示"你好！"。

如何使用 "p.text( );" 命令来修改文字的颜色与大小？

四、玩家答题

显示灯谜后，玩家需要输入答案。由于灯谜的答案是汉字，因此需要定义一个字符串变量来存放。

完善并运行程序 15-4，理解程序代码，如表 15-4 所示。

表 15-4

程序	图形

// 程序 15-4
int main()
{
　… // 省略程序 15-3 代码
　string da; // 定义字符串变量 da，用于存放输入的答案
　cin>>_____; // 输入答案
　return 0;
}
	猜灯谜

　　定义字符串变量命令"string 变量名;"定义一个字符串变量，用来存放一串字符，这串字符称为字符串。字符串数据通常要用双引号括起来。但程序运行中要输入字符串时，不用加双引号输入。

　　例如：语句"string st;"的作用是定义一个可存放字符串的变量 st。

运行程序 15-4 后，灯谜被输入框遮盖了，怎么办？

完善并运行程序 15-5，理解程序代码，如表 15-5 所示。

表 15-5

程序	图形

// 程序 15-5
int main()
{
　… // 省略程序 15-3 代码
　string da;
　p.moveTo(0,＿＿＿); // 移动到输入框的位置
　cin>>＿＿＿;
　return 0;
}
	猜灯谜（图）

五、判断对错

　　猜灯谜游戏程序最关键的是判断答案是否正确，我们一起去看看程序是如何判断的。

　　运行并理解程序 15-6，如表 15-6 所示。

表 15-6

程序	图形

// 程序 15-6
int main()
{
　… // 省略程序 15-5 代码
　p.moveTo(0,-150);
　if(da==" 狗 ")
　　p.text(" 恭喜你，答对了！谜底是:狗 ",10,30);
　else
　　p.text(" 很遗憾，答错了！谜底是:狗 ",10,30);
　return 0;
}
	猜灯谜（图）
	
	运行 2 次程序，分别输入"猫"和"狗"

判断语句：

if（条件表达式）

　语句1；

else

　语句2；

当条件表达式的值为 True（真）时执行语句1，否则执行 else 后面的语句2。

例如：

if(a==" 中国 ")

　p.text(" 你好，中国!");

else

　p.text(" 中国欢迎您 ");

表示如果变量 a 存放的字符串与"中国"是相同的，就显示文字"你好,中国！",否则显示文字"中国欢迎您"。

挑选你喜欢的谜语，修改程序15-6，让同学猜一猜。

1．要定义一个字符串变量 s，正确的答案是（　　　）。

A．int s;　　　B．string s;　　　C．int s　　　D．string s

2．下列语句表达错误的是（　　　）。

A．if(a>10)　p.pic(1);　　　　　　B．if(st==" 中国 ")　p.pic(1);

C．if(st== 中国)　p.pic(1);　　　　D．if(st=="china")　p.pic(1);

3．执行以下程序段，运行时输入 10，运行结果是调用_____号图片。

cin>>a;

if(a>10) p.pic(1);

else　p.pic(2);

除了猜灯谜游戏，元宵节还有一个"看图猜成语"的游戏，请你利用提供的素材，制作出"看图猜成语"游戏。

图 15-3

表 15-7

要掌握的重点知识	是否过关		我还想学习这些知识
理解字符串及字符串变量	是 □	否 □	
掌握使用语句 "p.text(" 文本内容 ");" 显示文字的方法	是 □	否 □	
会运用双分支 if 语句进行判断并设定各分支的内容	是 □	否 □	
会综合运用本课知识编写包含判断的程序	是 □	否 □	
我在这一课的学习中，共过了_____关			

第16课 绿化祖国

——植树造林

建设生态文明,绿化祖国,人人有责。3 月 12 日是我国的植树节,为迎接这个全民植树、造福人类的重要日子,我们来编程创作一个植树造林的作品。

图 16-1

你知道植树造林对我们有什么好处吗? 请上网了解后交流分享。

一、作品构思

"植树造林"作品以植树图片作为背景,空地后面是一排排高低起伏的绿树,在空地再种上一排左右对称、大小有规律变化的绿树。种植的绿树与原有绿树完美地结合在一起,激发学生爱林、造林的热情。

运行程序 16-1,欣赏作品《植树造林》(图 16-1),并思考:

1. 作品中那排绿树的变化有什么规律?
2. 如何实现一排绿树的逐渐变大或变小?

提前准备一张植树背景图片和一张绿树图片。在程序中显示一排左右对称的绿树,绿树先由小变大,然后再由大变小,这样便完成了"植树造林"的作

 走进 GoC 的编程世界

品。具体步骤如表 16-1 所示。

表 16-1

步骤	图形
第一步： 　显示植树背景图片	
第二步： 　从左往右，用 for 循环语句画出 5 棵逐渐变大的树	
第三步： 　用 for 循环语句画出 5 棵逐渐变小的树	

二、显示植树背景图

　　绿树种植在树林前的空地上，因此先调入植树图片作为背景，为下面种树做好准备。

完善并运行程序 16-2，显示植树背景图，如表 16-2 所示。

表 16-2

程序	图形

``
// 程序 16-2
int main()
{
    p.up().hide();
    p.picL(1,"forest.png"); // 调入植树背景图片
    p.picL(2,"tree3.png"); // 调入绿树图片
    p._____; // 显示植树背景图片
    return 0;
}
``	

三、"种上"逐渐变大的树

作品中左边的 5 棵树从小逐渐变大，初始树高为 100、树宽为 60，后续每棵树依次比前一棵高度增加 20、宽度增加 10，我们利用 for 循环语句将绿树图片逐渐放大再显示的方法来实现这种效果。

根据循环变量的变化规律和树高、树宽的增长幅度，可以确定每棵树与左边第一棵树的大小关系，如表 16-3 所示。

表 16-3

循环变量 i	0	1	2	…	i
树的宽度 w	60+0*10=60	60+1*10=70	60+2*10=80	…	60+i*10
树的高度 h	100+0*20=100	100+1*20=120	100+2*20=140	…	100+i*20
小结	第 i 棵树的宽度 = 树宽初值 + i* 树宽差值 第 i 棵树的高度 = 树高初值 + i* 树高差值				

运行并理解程序 16-3，观察左边绿树的变化规律，理解程序，如表 16-4 所示。

表 16-4

程序	图形

``c
// 程序 16-3
int main()
{
    … // 省略程序 16-2 代码
    p.moveTo(-350,-100);
    p.rt(90);
    int w,h;
    for (int i=0;i<5;i++)
    {
        w=60+i*10; // 第 i 棵树的宽度
        h=100+i*20; // 第 i 棵树的高度
        p.pic(2,w,h); // 显示绿树
        p.fd(w); // 右移到下一位置
    }
    return 0;
}
``	

要利用 for 循环语句生成如表 16-5 的各个数列，请写出该数列各个数与循环变量 k 关系式，并填表。

表 16-5

数列	数列各个数与循环变量 k 关系式 （k 的变化为：0,1,2,…）
① 1,3,5,7	$1+k*2$
② 4,8,12,16,20	$4+k*$ _____
③ 10,8,6,4,2,0	$10-k*$ _____
④ 25,20,15,10,5	

在 for 循环语句内，若数列每一项与前一项的差值相同，数列递增时表达式可以写成：初值 +i* 差值；数列递减时表达式可以写成：初值 −i* 差值。

如：2,4,6,8,10　　表达式为"2+i*2"。

20,16,12,8,4　　表达式为"20−i*4"。

三、"种上"逐渐变小的树

左边 5 棵从小变大的树种好了，在它们右边再种上 5 棵由大变小的树，这样种上一排左右对称的绿树，我们的作品就做好了。逐渐变小的树，树的初始高度为 180，宽为 100，高度依次减小 20，宽度依次减小 10。

完善并运行程序 16-4，观察右边绿树的变化规律，理解程序，如表 16-6 所示。

表 16-6

程序	图形
| ```
// 程序 16-4
int main()
{
  … // 省略程序 16-3 代码
  for (int i=0;i<5;i++)
  {
    int w=100−i*10; // 树的宽度
    int h=_____; // 树的高度
    p.pic(2,w,h); // 显示绿树
    p.fd(w−10); // 移到下一棵树的位置
  }
  return 0;
}
``` | |
```

显身手

1. 选择正确的答案，完善以下程序段，使屏幕依次显示 2,6,10,14,18。正确答案为（　　）。

```
for (int i=0;i<5;i++)
{
    p.rr(100,100,15);
    p.text(_____,1,50);
    wait(0.2);
}
```

A．i*4　　　　B．4+i*2　　　　C．2+i*4　　　　D．2+2*2

2. 执行完 for 循环语句后，a 的值是（　　）。

```
for(int i=0;i<5;i++)
    a=5+i*5;
```

A．15　　　　B．20　　　　C．25　　　　D．30

3. 小 C 在植树节中获得了"植树小能手"的称号，校长请小 C 上台领奖。请完善程序 16-5，画出颁奖台。台阶从底层开始画，第一级台阶的宽为 400，高为 100，每次宽减少 60，高减少 10，如表 16-7 所示。

表 16-7

程序	图形

`// 程序 16-5`
`int main()`
`{`
`    p.up().hide();`
`    for (int i=0;i<4;i++)`
`    {`
`        int w,h;`
`        w=_____; // w 表示每级台阶的宽`
`        h=_____; // h 表示每级台阶的高`
`        p.rr(w,h,10);`
`        p.fd(h-5); // 移动画笔到下一级台阶的中心位置`
`    }`
`    return 0;`
`}`	

树林里种上了很多的绿树，真漂亮！大雁们也非常喜欢。你们瞧，它们从远处飞来了（如图16-2所示）。请你利用本节课的知识展示这一群飞来的大雁。

图 16-2

表 16-8

要掌握的重点知识	是否过关		我还想学习这些知识
掌握 for 语句循环变量的变化规律	是□	否□	
初步掌握写出数列各项与循环变量的关系式的方法	是□	否□	
初步掌握利用 for 循环语句控制实现图形有规律逐渐变化的方法	是□	否□	
会综合运用本课知识编写包含简单渐变图形的作品程序	是□	否□	
我在这一课的学习中，共过了_____关			

第17课 清明祭扫
——鲜花祭英烈

清明节是中华民族的传统节日，人们在这一天缅怀先人、祭祀祖先、纪念英烈。先烈的英勇奋斗与流血牺牲，换来了中国今日的繁荣富强和人民的幸福生活。现在我们来创作一个作品，献上花环纪念先烈，感恩思源，珍惜今天，共创明天。

图 17-1

在以往清明节期间，你参加过哪些缅怀英烈的纪念活动？请在小组内分享交流。

一、作品构思

清明节，全国各地祭扫烈士陵园，向革命英雄纪念碑敬献鲜花寄托哀思。"鲜花祭英烈"作品就是以此为创意来源，选择合适的背景图，再用 GoC 画出两个花环献在英雄纪念碑前，便构成了一幅既庄严肃穆又彰显绿色祭扫精神的作品（图 17-1）。

运行程序 17-1，欣赏作品并思考：

1. 两个花环各由哪些图形组成？

2. 画每个花环的步骤是怎样的？

要创作"鲜花祭英烈"作品，需要提前准备人民英雄纪念碑背景图。在程

序中，先显示背景图，再依次画出圆形围成的花环（以下简称"花环 A"）和正方形围成的花环（以下简称"花环 B"），从而完成整幅作品。具体步骤参考表 17-1。

表 17-1

步骤	图形
第一步： 显示英雄纪念碑背景图片	
第二步： 用循环控制的方法画出由黄色正十二边形和白色圆形花构成的花环 A	
第三步： 用循环控制的方法画出由 12 个白色正方形构成的花环 B	

二、显示人民英雄纪念碑背景图

选择"人民英雄纪念碑"作为主体元素的背景图——草地上绽放着白色雏菊，人民英雄纪念碑立于高地，敬仰之情油然而生。

运行程序 17-2，显示人民英雄纪念碑背景图，如表 17-2 所示。

表 17-2

程序	图形

// 程序 17-2
int main()
{
  p.picL(1,"jnb.jpg");
  p.pic(1); // 显示纪念碑背景图
  return 0;
}	

三、画花环 A

草地上的白色雏菊静静开放，白色花瓣黄色花蕊，以此为背景，可以用 GoC 画一个外白内黄的花环。观察样例程序中的花环，发现花环 A 由 12 个白色圆形围成一个圈，并且在中间形成了一个黄色的正十二边形。

完善并运行程序 17-3，绘制花环 A，如表 17-3 所示。

表 17-3

程序	图形

// 程序 17-3
int main()
{
  p.picL(1,"jnb.jpg");
  p.pic(1);
  //———— 在黄色正十二边形的角上画圆 ————
  p.moveTo(100, -100); // 画笔移到画花环的起始位置
  p.c(13); // 设置画笔为黄色
  for(int i=0;i<12;i++)
  {
    p.e(15,15,15); // 画白色圆形花
    p.fd(_____); // 画黄色正十二边形的一条边
    p.rt(360.0/_____); // 转动画笔方向
  }
  return 0;
}	

如果要画由 14 个圆组成的花环，如何修改程序 17-3？

四、画花环 B

纪念碑前已经献上了一个美丽的花环，接下来在对称的位置可以再创作一个全白的花环 B 以丰富画面。花环 A 的画法已经掌握了，只要将花环 A 的圆形花部分改成方形花，就可以画出花环 B。

完善并运行程序 17-4，画出花环 B，如表 17-4 所示。

表 17-4

程序	图形

``// 程序 17-4
int main()
{
　… // 省略程序 17-3 代码
　p.moveTo(-200,-100); // 定位起始位置
　//====== 画 12 个正方形 ===
　for(int i=0;i<12;i++)
　{
　　// 画方形花
　　p.c(15);
　　for(int j=0;j<4;j++)
　　p.fd(30).____ ;
　　// 画十二边形的边
　　p.fd(30);
　　p.rt(360.0/12);
　}
　return 0;
}```	

走进 GoC 的编程世界

如果想让花环 B 的内环变成黄色，应该如何修改程序？

1．请完善程序并画出正七边形，如表 17–5 所示。

表 17–5

程序	图形
| ```
// 程序 17-5
int main()
{
    p.c(14);
    for(int i=0;i<____;i++)
        p.fd(100).rt(____);
    return 0;
}
``` | |

2．选择正确的选项完善程序 17–6，并画出下面的图形（　　　　）。

    A．4，3　　　　　B．3，4　　　　　　　C．4，4　　　　　　　D．3，3

表 17–6

程序	图形
| ```
// 程序 17-6
int main()
{
    for(int i=0;i<____;i++)
    {
        for(int j=0;j<____;j++)
            p.fd(30).lt(120);
        p.fd(30).rt(360.0/4);
    }
    return 0;
}
``` | |

3. 请修改程序17-7并把图形（a）变成图形（b），如表17-7所示。

表17-7

程序	图形
```// 程序 17-7\nint main()\n{\n for(int i=0;i<12;i++)\n {\n p.c(11);\n for(int j=0;j<4;j++)\n p.fd(30).lt(90);\n p.fd(30).rt(360.0 /12);\n }\n return 0;\n}```	（a） （b）

请编程画出如图17-2所示的花朵图形。

图17-2

表17-8

要掌握的重点知识	是否过关		我还想学习这些知识
掌握单一正多边形的画法	是□	否□	
初步掌握在正多边形基础上再绘画其他组合图形的方法	是□	否□	
能参考本课方法，编程画出由相同小图形构成的复杂图形	是□	否□	
我在这一课的学习中，共过了_____关			

 劳动光荣

——致敬城市美容师

环卫工人是可敬的"城市美容师",他们用劳动让我们的城市变得清洁而美丽。全世界劳动人民的共同节日——"五一"国际劳动节快到了,我们编程创作一个作品向他们致敬吧。

图 18-1

你参加过哪些劳动让你印象最深刻?请谈谈你的感受。

一、作品构思

"城市美容师"作品以动画的形式描绘环卫工人辛勤劳动的情景。作品以城市街道为背景,街边大树上的树叶纷纷飘落下来,每天环卫工人挥舞着手中的扫把,不辞劳苦地打扫落叶,他们的敬业精神令人感动。

运行程序 18-1,欣赏作品《城市美容师》(图 18-1)并思考以下问题:

1. 环卫工人扫地的动画是由几张不同的图片交替显示实现的?

2. 如何确定树叶开始落下的位置和环卫工人出现的位置?

提前准备街道背景图、落叶及环卫工人等图片文件,通过编程以动画形式展示树叶落下的过程和环卫工人扫地的动作,完成"城市美容师"作品。具体步骤如表 18-1 所示。

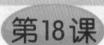

表 18-1

步骤	图形
第一步： 显示街道背景图	
第二步： 　确定落叶的起始位置，实现树叶徐徐下落的效果	
第三步： 　交替显示三张不同造型的环卫工人图片，制作扫地的动画	

二、调入图片，显示街道背景图

以街道图片作为背景，街边的大树为落叶做铺垫。调入作品所需的全部图片，为后面的创作做准备。

大胆试

运行并理解程序 18-2，如表 18-2 所示。

表 18-2

程序	图形

// 程序 18-2
int main()
{
    p.picL(0,"jiedao.jpg"); // 调入街道背景
    p.picL(1,"hwg1.png"); // 调入环卫工人造型 1
    p.picL(2,"hwg2.png"); // 调入环卫工人造型 2
    p.picL(3,"hwg3.png"); // 调入环卫工人造型 3
    p.picL(4,"ly.png"); // 调入落叶图片
    p.pic(0,800,800); // 以宽 800、高 800 显示背景
    return 0;
}	

三、实现树叶飘落

树叶缓缓飘下，落在地面上。要确定树叶下落的起始位置，可通过运行程序 18-2，点击"画坐标"按钮得到。接着画笔重复"后退、显示树叶图片"命令实现"落叶"的动画效果。

完善并运行程序 18-3，观察代码的执行过程和"落叶"的变化，如表 18-3 所示。

表 18-3

程序	图形

// 程序 18-3
int main()
{
    … // 省略程序 18-2 代码
    p.up().hide();
    p.moveTo(_____,-150); // 移到树叶下落的起始位置
    for(int i=0;i<60;i++)
    {
        p._____; // 每次画笔后退 5 步
        p.ani(1,4,200,300); // 在上图层显示 4 号图片（树叶）
        wait(0.05); // 等待 0.05 秒
    }
    return 0;
}	

图层重绘图片命令"p.ani（图层号，图片号，宽度，高度）"在指定的图层，先清除原来的图形，再显示指定宽和高的图片。图层号为1是上图层，0是中间图层，-1是下图层。

例如：语句"p.ani(1,4,200,300);"作用是清除上图层原来的图片，以宽200、高300显示4号图片。

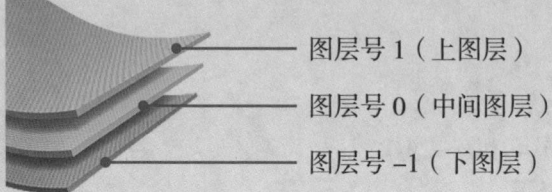

图层号 1（上图层）
图层号 0（中间图层）
图层号 -1（下图层）

1. 将程序 18-3 语句"p.ani(1,4,200,300);"中的图层号 1 改为 0，观察画面的变化。

2. 改变程序 18-3 中的画笔后退步数或"wait(0.05)"中的秒数再运行程序，看看树叶下落的速度有何变化？

四、环卫工人扫地动画

街道上散落着树叶，环卫工人挥动着手中的扫把，勤劳地打扫。我们可通过"画坐标"按钮确定环卫工人出现的位置，再交替显示三张环卫工人不同动作造型的图片，实现打扫的动画效果。

完善并运行程序 18-4，观察环卫工人打扫落叶的动作变化，如表 18-4 所示。

表 18-4

程序	图形
| ```
// 程序 18-4
int main()
{
    …// 省略程序 18-3 代码
    p.moveTo(100,-250); // 定位环卫工人
出现位置
    for(int i=0;i<40;i++)
    {
        p.ani(1,1); wait(0.5);
        p.ani(1,2); wait(0.5);
        _____; wait(0.5);
    }
    return 0;
}
``` |  |

上网了解什么叫"视觉暂留"现象，并讨论：如果想使环卫工人的打扫动作更平滑连贯，有什么好办法？

1. 执行语句 "p.ani(-1,1);"，1 号图片显示在（　　）。

A. 上图层　　　　　　　B. 中间图层

C. 下图层　　　　　　　D. 所有图层
```

2．选择正确选项并完善程序 18-5，让气球缓缓升空（　　　）。

A．fd，pic　　　　B．bk，pic　　　　C．fd，ani　　　　D．bk，ani

表 18-5

程序	图形

``
// 程序 18-5
int main()
{
    p.up().hide();
    p.picL(1,"qiqiu.png");
    for(int i=0;i<50;i++)
    {
        p._____(10)._____(1,1);
        wait(0.1);
    }
    return 0;
}
``	

3．完善程序 18-6，让树叶重复由上落下 5 次，如表 18-6 所示。

表 18-6

程序	图形

``
// 程序 18-6
int main()
{
    p.up().hide();
    p.picL(0,"jiedao.jpg");
    p.picL(1,"ly.png");
    p.pic(___,800,800); // 显示街道图片
    for(int j=0;j<____;j++)
    {
        p.moveTo(-150,-150); // 树叶起始位置
        for(int i=0;i<60;i++) // 树叶下落一遍
        {
            p.bk(5).ani(1,___,200,300);
            wait(0.05);
        }
    }
    return 0;
}
``	

环卫工人的工作既平凡又劳累，为减轻他们的工作量，我们可以设计一辆无人清扫车，让它在大街上来回清扫垃圾，请你设计程序创作作品，如图18-2所示。

图 18-2

表 18-7

要掌握的重点知识	是否过关		我还想学习这些知识
理解图层的含义	是☐	否☐	
初步理解动画形成的原理	是☐	否☐	
掌握图层重绘图片命令的使用	是☐	否☐	
运用本课知识编程创作简单的动画作品	是☐	否☐	
我在这一课的学习中，共过了_____关			

 **快乐儿童节**

—— 玩转摩天轮

游乐园是我们最熟悉不过的地方了，每到"六一"儿童节，那高高耸立、不停转动的摩天轮，让小朋友感到既刺激又快乐。现在，我们一起来编程创作"玩转摩天轮"的作品吧。

图 19-1

"六一"儿童节学校会举行什么庆祝活动？说说你最喜欢的活动。

一、作品构思

"玩转摩天轮"作品以美丽的游乐园作为背景，在草地上画出一座巨型的摩天轮，它由支架、大轮盘、轴心和座舱组成，我们依次画出摩天轮各个部分，便构成了一幅欢乐的"玩转摩天轮"作品。

运行程序 19-1，观察"玩转摩天轮"作品并思考：

1．摩天轮由哪些基本图形构成？

2．该程序是按什么顺序画摩天轮的？

提前准备一张游乐园背景图及一个座舱图片文件，在程序中先显示游乐园背景图片，再用直线和圆形画出摩天轮的框架，最后添加座舱图片，便完成了"玩转摩天轮"作品。具体步骤如表 19-1 所示。

表 19–1

步骤	图形
第一步： 显示游乐园背景图，画出支架	
第二步： 画出大轮盘和轴心	
第三步： 显示出 8 个座舱图片	

二、显示背景和画支架

摩天轮是画在游乐园背景图上，因此画摩天轮之前要先把背景显示出来，再画摩天轮的支架。支架是由两条长为 230、粗为 20 的蓝色线段组成。

完善并运行程序 19–2，观察结果，如表 19–2 所示。

表 19-2

程序	图形

// 程序 19-2
int main()
{
  p.picL(1,"park01.png");
  p.pic(1); // 显示游乐园背景图片
  p.size(20).c(7);
  p.rt(15).bk(230).fd(230); // 画左边支架
  p.lt(30)._____; // 画右边支架
  p.rt(15); // 调整画笔方向
  return 0;
}	

上面的程序中语句"p.rt(15);"的作用是什么?

三、画大轮盘和轴心

画好了摩天轮的支架,以支架顶点为圆心再画出空心圆形大轮盘。

运行并理解程序 19-3,如表 19-3 所示。

表 19-3

程序	图形

// 程序 19-3
int main()
{
  … // 省略程序 19-2 代码
  p.size(15);
  p.o(150,6); // 画半径 150,6 号深红色空心圆
  return 0;
}	

①空心圆命令"p.o(半径，颜色);"以画笔的位置为圆心，绘制一个指定半径和颜色的空心圆。

例如：语句"p.o(150,6);"能画出如图 19-2（a）所示的图形。

②实心圆命令"p.oo(半径，颜色);"以画笔的位置为圆心，绘制一个指定半径和颜色的实心圆。

例如：语句"p.oo(120,4);"能画出如图 19-2（b）所示的图形。

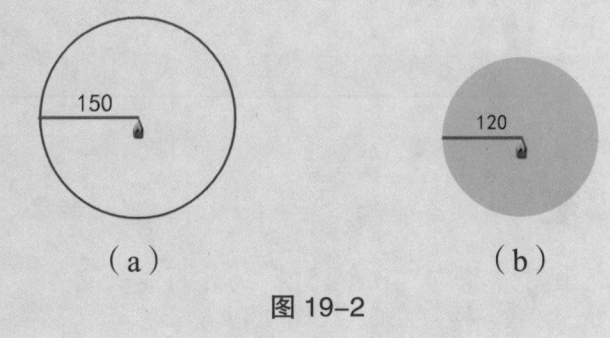

（a）

（b）

图 19-2

以支架顶点为圆心画由两个实心圆叠加组成的摩天轮轴心。

完善并运行程序 19-4，画出轴心，如表 19-4 所示。

表 19-4

程序	图形

`// 程序 19-4`
`int main()`
`{`
  `… // 省略程序 19-3 代码`
  `p.size(15);`
  `p.o(150,6); // 画大轮盘`
  `_____ ; // 画半径 50，6 号颜色实心圆`
  `_____ ; // 画半径 30，4 号颜色实心圆`
  `return 0;`
`}`	

为什么先画半径50的深红色实心圆，再画半径30的天蓝色实心圆？

四、显示座舱

摩天轮的框架画好后，接着把座舱图显示出来。座舱图显示在大轮盘的边框上，逐一将画笔从圆心移动到边框上显示座舱图。

运行并理解程序19-5，如表19-5所示。

表19-5

程序	图形
```c// 程序 19-5int main(){ …// 省略程序 19-4 代码 p.picL(2,"mtl.png"); // 调入座舱图片 p.size(6).c(11); //====== 画出第1个座舱 === p.fd(150); // 前进 150 p.pic(2); p.up().bk(150).down(); // 提笔，后退 150 回圆心，落笔 return 0;}```	（图）

1．在程序中，前进150，再后退150的作用是什么？

2．要快速画8个座舱，可以使用什么命令？

完善并运行程序 19-6，画摩天轮的 8 个座舱，如表 19-6 所示。

表 19-6

程序	图形

`// 程序 19-6`
`int main()`
`{`
`   ... // 省略程序 19-4 代码`
`   p.picL(2,"mtl.png");`
`   p.size(6).c(11);`
`   //===== 画出 8 个座舱 =====`
`   for(int i=0;i<___;i++)`
`   {`
`       p.fd(150);`
`       p.pic(2);`
`       p.up()._____.down();`// 提笔，后退 150
`回圆心，落笔`
`       p.rt(_____);`// 将画笔角度调为下一
`个图形的起始方向`
`   }`
`   return 0;`
`}`
	(图形)

1. 语句"p.oo(50,11).oo(30,14);"能画出（   ）图形。（提示：11 号紫色，14 号橙色）

A.   B.   C.   D.

2. 下面图形是由（   ）语句画出来。（提示：画完后，笔的位置要回到起点）

　　A．p.fd(150).oo(30,1).fd(150);　　　B．p.fd(150).oo(30,1).bk(150);

　　C．p.bk(150).oo(30,1).bk(150);　　　D．p.fd(150).o(30,1).bk(150);

3．完善并运行程序 19-7，实现放飞热气球的情境，如表 19-7 所示。

表 19-7

程序	图形

``// 程序 19-7
int main()
{
    p.picL(1,"park02.png");
    p.picL(3,"airballoon.png");
    p.pic(1);
    //====== 画出 5 个热气球 ===
    p.lt(60);
    p.up();
    for(int i=0;i<__;i++)
    {
        _____; // 前进 300
        p.pic(3);
        _____; // 后退
        p.rt(30);
    }
    return 0;
}```

请参考图 19-3，设计一个庆祝"六一"儿童节的作品。

（a）　　　　　　　　　　　　（b）

图 19-3

评价栏

表 19–8

要掌握的重点知识	是否过关		我还想学习这些知识
掌握空心圆和实心圆命令	是□	否□	
能用 for 循环语句控制有规律地显示多个相同图片	是□	否□	
能用基本图形和图片叠加的方法画出需要的图案	是□	否□	
我在这一课的学习中，共过了_____关			

第20课　过端午

——划龙舟

农历五月初五是我国民间传统节日——端午节。划龙舟是端午节的重要习俗，以纪念我国伟大的爱国诗人屈原。让我们编程创作"划龙舟"的动画作品来缅怀先人吧。

图 20-1

除了划龙舟，端午节还有哪些传统习俗？

一、作品构思

"划龙舟"是一幅动画作品，重点体现龙舟划动的过程。在蓝天白云的映衬下，队员们齐心协力划动船桨，龙舟在碧波荡漾的江面上奋勇前进！作品弘扬的是你追我赶、永不服输、力争上游、精诚团结的"龙舟精神"。

运行程序 20-1，欣赏《划龙舟》作品（图 20-1）并思考以下问题：

1．为实现划龙舟的动态效果，哪些部分需要"动起来"？

2．龙舟、河水、祥云可以放在相同的图层吗？

创作"划龙舟"作品，需要准备的素材有：两张划龙舟的静态图片、河水图片、祥云图片。我们以蓝天白云为背景，通过向右流动的河水衬托在原地划动的龙舟，从而实现龙舟前进的效果。具体步骤如表 20-1 所示。

表 20–1

步骤	图形
第一步： 　显示祥云图片	
第二步： 　通过向右移动河水图片，实现向右流动的效果	
第三步： 　通过交替显示龙舟图片，实现原地划动的效果	

二、显示祥云背景

　　祥云寓意吉祥如意，也为队员们送上美好的祝福。按顺序调入所有素材后，在左、右上方各显示一张含有两朵祥云的图片，完成背景设置，如图 20-2 所示。

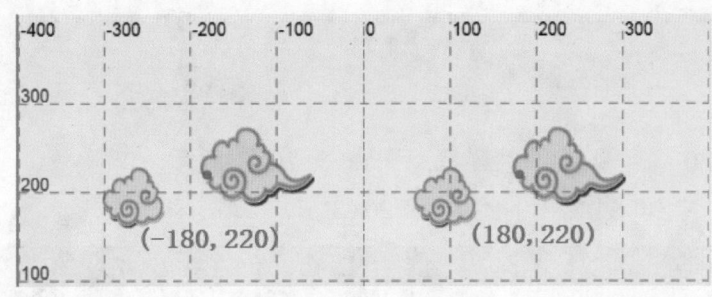

图20-2

完善并运行程序20-2，调用图片和显示祥云，如表20-2所示。

表20-2

程序	图形

// 程序20-2
int main()
{
    p.picL(0,"longzhou0.png"); // 调入第一张龙舟图片
    p.picL(1,"longzhou1.png"); // 调入第二张龙舟图片
    p.picL(2,"heshui.png"); // 调入河水图片
    p.picL(3,"yun.png"); // 调入祥云图片
    p.moveTo(____,____).pic(3,250,125); // 左祥云
    p.moveTo(____,____).pic(3,250,125); // 右祥云
    return 0;
}	

三、让河水流动

为了实现龙舟向左移动的视觉效果，同时保证龙舟不离开画面，可以让河水向右移动，反衬出龙舟向左移动。

我们可以将河水图片设置得宽一些，让这幅长长的河水图片从左往右一点点移动，从而实现右移效果。

运行程序 20-3，观察并理解程序，如表 20-3 所示。

表 20-3

程序	图形

`// 程序 20-3`
`int main()`
`{`
`  … // 省略程序 20-2 代码`
`  for(int i=0;i<100;i++)`
`  {`
`    p.moveTo(-400+i*8,-150); // 河水从初始位置 (-400,-150) 开始右移`
`    p.ani(-1,2,1600,200); // 在下图层显示宽 1600、高 200 的河水图片`
`  }`
`  return 0;`
`}`

如果想把河水的流动速度调快一点，要怎样修改程序 20-3？

四、划动龙舟

有了河水的衬托，只需在原地交替显示两张不同造型的划龙舟图片，就能形成划龙舟的动态效果。

运行程序20-4，观察并理解程序，如表20-4所示。

表20-4

程序	图形

// 程序 20-4
int main()
{
　… // 省略程序 20-2 代码
　p.hide().speed(9); // 调快画笔速度，让动画更流畅
　for(int i=0;i<100;i++)
　{
　　… // 省略程序 20-3 代码
　　p.moveTo(0,-50); // 龙舟的位置
　　p.ani(1,i%2); // 在上图层交替显示两张划龙舟的图片
　　wait(0.1); // 控制动画播放速度
　}
　return 0;
}	

求余运算符"%"表示求余数运算。

　　例如："7 % 4"就是求7除以4的余数，结果为3。

　　又如：当 a 等于5时，"a%3"的结果为2。

如果要交替显示四张划龙舟的静态图片，"i%2"应该改为什么？

1. 计算下列表达式的值。

　　0%2=＿＿＿＿　　1%2=＿＿＿＿　　2%2=＿＿＿＿　　3%4=＿＿＿＿　　6%5=＿＿＿＿

2．要在上图层按宽 500、高 300 显示 0 号图片，正确的语句是（   ）。

A．p.ani(0,1,300,500);　　　　　　　B．p.ani(1,0,500,300);

C．p.ani(0,1,500,300);　　　　　　　D．p.ani(1,0,300,500);

3．执行完语句"for(int i=0;i<10;i++) p.moveTo(100–i*10,0);"后，画笔所在的位置是（   ）。

A．(100,0)　　　　B．(90,0)　　　　C．(10,0)　　　　D．(0,0)

4．完善并运行程序 20–5，让小车在圆形赛道上跑动，圆的大小由输入的半径 r 决定，如表 20–5 所示。

表 20–5

程序	图形

``c++
// 程序 20–5
int main()
{
    p.hide().speed(10).size(80).c(6);
    p.picL(0,"car.png"); // 调用小车图片
    p.picU(0); // 设置图片方向与画笔一致
    int r;
    cin>>r; // 输入 r
    for (int i=0; i<200; i++)
    {
        wait(0.05);
        p.ani(_____,0).fd(r).rt(10);
    }
    return 0;
}
``
	（输入：30）

创意园

"绿色出行，从我做起。"请你运用以下素材，创作一幅"绿色骑行"的动画作品。

(a) bike0　　　　(b) bike1　　　　(c) bike2　　　　(d) bike3　　　　(e) grass

图 20–3

评价栏

表20-6

要掌握的重点知识	是否过关		我还想学习这些知识
理解求余运算	是□	否□	
掌握通过 for 循环语句结合求余运算，实现重复轮流显示图片的方法	是□	否□	
掌握运用 ani 命令在指定图层显示图片，实现动画效果的方法	是□	否□	
掌握用 wait 命令控制动画播放速度	是□	否□	
综合运用有关知识创作简单动画	是□	否□	
我在这一课的学习中，共过了_____关			

 念师恩

——制作电子音乐贺卡

老师是灯，照亮我们前进的路；老师是阶梯，引导我们攀登高峰。每个人的成长和成才，都离不开老师的培养。让我们来制作电子音乐贺卡，在 9 月 10 日教师节，为老师们献上最真挚的祝福！

图 21-1

说一说你最喜欢怎样的老师？我们应该如何感恩老师的教导？

一、作品构思

"念师恩"贺卡是以一张清新的图片做背景图，配上柔和的背景音乐，用多个旋转叠加的正方形作为贺卡的主体，中心处是"学生向老师献花"的卡通插图，插图上方有"教师节快乐"的祝福语。亲手制作这样的电子音乐贺卡，更能传达我们对老师的敬意！

运行程序 21-1 并输入 1~10 中的数，欣赏教师节"电子音乐贺卡"并思考以下问题：

1. 贺卡主要由哪些元素构成？

2. 运行程序时输入不同的数字，贺卡有什么变化？

制作"电子音乐贺卡"，需要准备的素材有：含有"教师节"元素的背景图、背景音乐、小插图。制作贺卡时，先添加背景图片和音乐，然后画出贺卡的主体形状，最后添加祝福语和小插图。具体步骤如表 21-1 所示。

表21-1

步骤	图形
第一步： 显示背景图片，播放背景音乐	
第二步： 画出贺卡的主体形状	
第三步： 显示祝福语和小插图	

二、显示背景图片，播放背景音乐

围绕"念师恩"这个主题，给贺卡添加合适的背景图与音乐，能渲染气氛，增强情感的表达，使贺卡的整体效果更佳。

完善并运行程序 21-2，理解程序，如表 21-2 所示。

表21-2

程序	图形

`// 程序 21-2`
`int main()`
`{`
`  p.picL(1,"bj.jpg"); // 调入背景图`
`  p.pic(1,800,800); // 显示背景图`
`  p.soundL(1,"music1.mp3"); // 调入音乐`
`  p.sound(1); // 播放音乐`
`  wait(300); // 播放时长为 300 秒`
`  return 0;`
`}`	

　　①调入声音文件命令"p.soundL（编号，文件名）;"可以把声音文件调入并设置好编号，供后面播放声音"p.sound"等命令使用。

　　例如：语句"p.soundL(1," music.mp3");" 的作用是将声音文件"music.mp3"调入并设置编号为 1。

　　②播放声音命令"p.sound(编号);"可以单次播放相应编号的声音，程序结束时所有声音停止。

　　例如：语句"p. sound(1); " 的作用是播放编号为 1 的声音文件。

如果将程序 21-2 中的"wait(300);"语句删除，声音还能正常播放吗？

三、设计贺卡的主体形状

设计好贺卡的形状，让贺卡的外观更醒目、更独特。常见的贺卡一般是矩形的，但一个矩形太单调，我们可以将空心、实心矩形利用图形叠加的方式，画出一个具有层次感的矩形图案，如表 21-3 所示。

表 21-3

程序	图形

// 程序 21-3
int main()
{
　p.r(500,500,14);
　p.r(480,480,14);
　p.rr(460,460,14);
　return 0;
}	

对图形进行多次旋转与叠加，将出现更丰富多样的图案。

运行程序 21-4，分别输入 2，3，4，5，8，30 等数据，观察图形的变化，并理解程序，如表 21-4 所示。

表 21-4

程序	图形

``cpp
// 程序 21-4
int main()
{
    int n;
    cin>>n;
    p.picU(0); // 跟随笔的方向显示图形
    for(int i=0;i<n;i++)
    {
        p.r(500,500,14);
        p.r(480,480,14);
        p.rr(460,460,14);
        p.rt(360.0/n); // 旋转角度
    }
    return 0;
}
``
	当 *n*=3 时
	
	当 *n*=18 时

运行程序 21-4，分别输入 2，4 时，为什么只看到一个正方形？

四、添加祝福语和小插图

在贺卡中加入祝福语"教师节快乐"，显示"学生献花"的小插图，为教师献上最诚挚的祝福。

完善并运行程序 21-5，为贺卡添上祝福语和小插图，如表 21-5 所示。

表 21-5

程序	图形

``cpp
// 程序 21-5
int main()
{
    … // 省略程序 21-4 代码
    p.picU(1); // 设置图片的方向向上
    p.picL(2,"zi1.jpg");
    p.picL(3,"tu1.png");
    p.moveTo(0,150); // 移到合适的位置
    p.pic(2,____,____); // 显示文字图片
    p.moveTo(0,-60);
    p.pic(3,____,____); // 显示师生小插图
    wait(300); // 等待 300 秒
    return 0;
}
``
	教师节快乐

显身手

1．要将 m1.mp3 声音文件调入并设置编号为 2，正确的语句是（　　　　）。

A．p.soundL("m1.mp3",2);　　　　　　B．p.soundL(1,"m1.mp3");

C．p.soundL(2,"m1.mp3");　　　　　　D．p.soundL(2,"m2");

2．要播放编号为"1"的声音文件"sy05.wav"，正确的语句是（　　　　）。

A．p.sound(1);　　　　　　　　　　B．p.sound("sy05.wav");

C．p.sound(05);　　　　　　　　　　D．p.soundL(1,"sy05.wav");

3．完善并运行程序 21-6，画出右边的贺卡，如表 21-6 所示。

表 21-6

程序	图形
```// 程序 21-6int main(){ p.picL(1,"bj2.png"); p.pic(1,1000,1000); p.soundL(1,"music1.mp3"); p.____(____); // 播放音乐 p.picU(0); for(int i=0;i<5;i++) { p.e(250,130,9); p.e(240,120,9); p.ee(230,110,9); p.rt(360.0/5); } p.picU(1); p.moveTo(0,0); p.picL(2,"zi2.jpg"); p.pic(2,____,____); // 显示祝福语图片 wait(200); // 等待 200 秒 return 0;}```	

用不同的素材（图形、背景图、背景音乐、小插图等），设计出样式新颖的教师节贺卡或其他节日的贺卡。

（a）

（b）

图 21-2

表 21-7

要掌握的重点知识	是否过关		我还想学习这些知识
掌握 p.soundL() 命令的使用	是□	否□	
掌握 p.sound() 命令的使用	是□	否□	
理解图形叠加的方法	是□	否□	
能运用本课知识创作有背景音乐和祝福语的作品	是□	否□	
我在这一课的学习中，共过了_____关			

第22课　贺中秋
——赏花灯

农历八月十五是我国重要的传统节日——中秋节。八月十五贺中秋，热热闹闹喜洋洋，吃月饼、猜灯谜、看花灯、真热闹。现在，我们来编程创作一个"赏花灯"作品，在美好的节日里给亲朋好友送去祝福。

图 22-1

在你的家乡贺中秋还有哪些传统习俗呢？说出来和同学分享一下。

一、作品构思

中秋之夜，月色皎洁，古人把圆月视为团圆的象征。"赏花灯"作品，以圆形舞台、月饼、舞龙灯等元素为背景，以生肖图案作为中秋花灯，营造和谐幸福的气氛，寓意吉祥如意的美好愿景。

运行程序 22-1，欣赏《赏花灯》（图 22-1）作品并讨论交流：

1．外圈上 12 盏灯中一共有几种不同的花灯，它们的排列有什么规律？

2．背景图中心位置的花灯变化有什么规律？

提前准备一个贺中秋的背景图和 12 个生肖花灯的图片文件，在程序中将若干种花灯按环形依次反复排列在背景图上，然后在背景图中心位置交替显示每一种较大的花灯。具体步骤如表 22-1 所示。

表 22-1

步骤	图形
第一步： 显示贺中秋背景图片	
第二步： 按周期规律显示由鼠、牛、虎 3 种不同生肖排列的 12 盏花灯	
第三步： 在圆的中心位置每秒显示一种较大的花灯	

二、显示贺中秋背景图

以贺中秋、赏花灯元素的图片为背景，渲染主题，烘托气氛。

运行并理解程序 22-2，如表 22-2 所示。

表 22-2

程序	图形

``
// 程序 22-2
int main()
{
    p.up().hide(); // 隐藏笔
    p.picL(3,"hezhongqiu.png").pic(3);
    // 显示背景图片
    return 0;
}
``	

三、显示环形花灯

12 盏花灯依次有规律地分布在环上,相映成趣。

图 22-2

观察图 22-2,你能从中发现圆环上花灯的排列规律吗?横线上会出现鼠、牛、虎中的哪种花灯呢?

 _____ (鼠、牛、虎)

运行 6 次程序 22-3,先后输入 0~5 中的每一个数,观察结果并连线。

表 22-3

程序	连线	
	输入值	圆的颜色

// 程序 22-3
int main()
{
    int col;
    cin>>col; // 输入一个数
    p.o(50, col%3);
    return 0;
}
	0	◯ (0 号色)

	1	
	2	◯ (1 号色)
	3	
	4	◯ (2 号色)
	5	

如果把鼠、牛、虎生肖花灯的图片序号分别编为 0,1,2,则作品上圆环生肖花灯的排列规律为:0,1,2,0,1,2,…,这便形成了图片编号数字的周期变化,变化的周期为 3。

编程时在循环中利用"循环变量 %3"运算,使得每次显示的生肖图片序号在 0,1,2 中周期变化,从而周期地显示生肖。

找出循环变量 i 对应周期序列值的变化规律，请将表22-4空白处补充完整。

表22-4

图片												
图片编号	0	1	2	0	1	2	0	1	2	0		
循环变量 i	0	1	2	3	4	5	6	7	8	9	10	11
周期序列 ($i\%3$)	0	1	2	0	1	2	0	1	2	0		

运行并理解程序22-4，如表22-5所示。

表22-5

程序	图形
``// 程序 22-4
int main()
{
… // 省略程序 22-2 代码
p.picL(0,"sx0.png");
p.picL(1,"sx1.png");
p.picL(2,"sx2.png");
p.speed(6); // 调整笔速
for(int i=0;i<12;i++)
{
p.fd(300).pic(i%3,100,100); // 按周期显示花灯
p.bk(300).rt(30);
}
return 0;
}```	

四、动态显示中心花灯

在圆的中心位置，有规律地交替显示三种较大的花灯，产生动感，活跃节日气氛。

完善并运行程序 22-5，实现圆中心花灯有规律的变化，如表 22-6 所示。

表 22-6

程序	图形

``
// 程序 22-5
 int main()
{
    … // 省略程序 22-4 代码
    for(int i=0;i<200;i++)
    {
        p.ani(1,____); // 在圆的中心位置，按周期显示三种花灯
        wait(1); // 等待 1 秒
    }
    return 0;
}
``

1．观察下面的图形，变化周期为 4 的图形是（　　　）。

A. 　　　B. 　　　C. 　　　D.

2．执行阅读下面程序段，红色（1 号色）实心圆画了（　　　）次。

for(int i=0;i<10;i++)
{
    p.oo(50,i%5);
    wait(1);
}

A. 10　　　　　B. 5　　　　　C. 3　　　　　D. 2

3．喜庆的灯笼是节日里一道亮丽的风景。请完善程序 22-6，实现挂灯笼的效果，如表 22-7 所示。

表22-7

程序	图形
| ```cpp
// 程序 22-6
int main()
{
    p.picL(0,"D0.png");
    p.picL(1,"D1.png");
    p.picL(2,"D2.png");
    p.picL(3,"D3.png");
    p.up().rt(90).bk(350);
    for(int i=0;i<8;i++)
    {
        p.pic(_____);
        p.fd(100);
    }
    return 0;
}
``` |  |

在中秋灯会上，小C创作的卡通人物在绚丽的舞台上跳起了动感十足的舞蹈动画，吸引了群众的围观。请参考案例（见表22-8），创作一个动画作品。

表22-8

表22-9

要掌握的重点知识	是否过关		我还想学习这些知识
理解周期和周期变化的含义	是□	否□	
掌握利用求余运算 % 产生周期变化的方法	是□	否□	
运用有关知识创作有图形周期变化的作品	是□	否□	
我在这一课的学习中，共过了_____关			
```

第23课 **庆国庆**

——重温阅兵盛典

10月1日国庆节，举国欢腾，隆重庆祝我们伟大祖国的生日。威武雄壮的国庆大阅兵，不仅能展示我国国防建设的伟大成就，彰显国威军威，还能大大增强民族自豪感，树立民族自信心，

图 23-1

激发爱国热情。这是一个必须铭记的时刻，让我们用精彩的图片和视频来记录它吧。

你在电视上观看过哪一年的阅兵庆典，说一说你对阅兵的感受。

一、作品构思

利用图文并茂的多媒体作品，重现阅兵庆典的盛况。"国庆大阅兵"作品以国庆70周年阅兵为背景，选择有代表性的图片和视频，编程制作而成。

运行程序 23-1，欣赏国庆 70 周年大阅兵庆典并思考：

1．作品中的图片是按什么顺序呈现的？

2．图片和视频两种表现形式有何异同？

准备好封面图片、背景音乐"我和我的祖国 .mp3"，从"空中梯队""徒步方队""装备方队"的场景中选取 6 张图片，收集"国庆大阅兵 .mp4"视频，然后在程序中先显示封面，配好背景音乐，再展播图片，最后播放视频。

具体创作步骤如表 23-1 所示。

表 23-1

步骤	图形
第一步： 显示封面图片，播放背景音乐	
第二步： 显示大阅兵图片	
第三步： 播放国庆大阅兵视频	

二、显示封面，播放背景音乐

为了使"国庆大阅兵"的作品更完整，可以先制作一张大阅兵主题封面，并配上"我和我的祖国"的背景音乐。

完善并运行程序 23-2，欣赏作品封面及背景音乐，如表 23-2 所示。

表 23-2

程序

```
// 程序 23-2
int main()
{
    p.picL(0,"gqyb0.jpg"); // 调入封面图片
    p.soundL(1," 我和我的祖国 .mp3").sound(____); // 调入背景音乐并播放
    p.ani(0,____,800,800); // 显示作品封面
    wait(10); // 暂停 10 秒，播放背景音乐
    return 0;
}
```

三、用图片展播大阅兵

大阅兵留下许多精彩的瞬间，图片可以把这些美好的瞬间定格，图片展播可按照以下方法来制作。

（1）调入要展示的全部图片；（2）显示一张图片；（3）让程序暂停几秒；（4）重复（2）至（3）步骤。

完善并运行程序 23-3，感受图片展播效果，如表 23-3 所示。

表 23-3

程序

// 程序 23-3
int main()
{
  … // 省略程序 23-2 代码
  p.picL(1,3,"gqyb.jpg",1); // 调入三张大阅兵展播图片
  p.ani(0,1,800,600); // 显示第一张图片
  pause(5); // 暂停 5 秒
  p.ani(0,2,800,600); // 显示第二张图片
  _____; // 暂停 5 秒
  p.ani(0,___,800,600); // 显示第三张图片
  pause(5);
  return 0;
}

①批量调入图片命令 "p.picL(起始编号，结束编号，文件名字符串，文件名后缀起始编号);"

例如：语句 "p.picL(1,3,"gqyb.jpg",1);" 的作用是把 gqyb1.jpg 至 gqyb3.jpg 连续编号的 3 张图片调进来，相当于 "p.picL(1,"gqyb1.jpg").picL(2,"gqyb2.jpg").picL(3,"gqyb3.jpg");" 语句。

②暂停命令 "pause(秒数);" 使程序暂停指定的秒数，其间可以按任意键或单击鼠标结束暂停。

四、用视频再现大阅兵

大阅兵的视频让人有身临其境的感觉，如果在作品中加入视频，感染力更强。怎样编程把视频加进来并播放呢？

运行程序23-4，认真观察视频的播放效果，如表23-4所示。

表23-4

程序

``
// 程序 23-4
int main()
{
    … // 省略程序 23-3 代码
    p.cls().soundStop(); // 清除屏幕，停止背景音乐，为播放视频做准备
    p.videoL(1," 国庆大阅兵 .mp4"); // 调入视频文件
    p.videoPlay(1,-400,250,800,500,0,0.5); // 以一半的音量播放调入的视频
    wait(300); // 程序等待的时间大于等于视频的播放时间
    return 0;
}
``

①调入视频命令"p.videoL（编号，文件名）；"。

例如：语句"p.videoL（1,"gqyb.mp4"）；"的作用是调入 gqyb.mp4 视频文件但不播放。

②播视频命令"p.videoPlay（编号,左上角横坐标,左上角纵坐标,视频宽度,视频高度,是否重复播放,视频音量）；"。

例如：

"p.videoPlay(1,-400,250,800,500,0,0.5);"的作用是在左上角坐标为（-400，250）、宽为800、高为500的播放窗口中，以原来0.5倍的音量播放一次1号视频。

③视频播放指令后面要加入一个等待指令"wait（秒数）；"，以使视频能在程序等待的时间内正常播放。

怎样调整视频播放器窗口的大小？

1．如果想把"国庆文艺表演 1.jpg""国庆文艺表演 2.jpg"等连续编号的五张图片一次调入，编号为 1 至 5，正确的命令是（　　　）。

A．p.picL(0,5," 国庆文艺表演 1-5.jpg",0);

B．p.picL(1,5," 国庆文艺表演 .jpg",1);

C．p.picL(1,5," 国庆文艺表演 .jpg",0);

D．p.picL(0,5," 国庆文艺表演 .jpg",1);

2．让程序暂停 10 秒，其间可按键盘或单击鼠标结束暂停的命令是＿＿＿＿。

3．完善程序 23-5，把"国庆大阅兵"作品完整呈现，如表 23-5 所示。

表 23-5

任务	程序

根据给定的图片素材（6 张），制作出图片展播效果（隔 6 秒自动到下一张，或点击鼠标，或按键盘播下一张），展播时配上背景音乐《我和我的祖国》；然后调入并播放"国庆大阅兵 .mp4"视频	`// 程序 23-5`
	`int main()`
	`{`
	`　p.hide();`
	`　p.soundL(1," 我和我的祖国 .mp3").sound(1);`
	`　p.picL(0,6,"gqyb.jpg",___);`
	`　p.ani(0,0,800,800); //`
	`　pause(6);`
	`　for(int i=1;i<___;i++) // 展播 6 张图片`
	`　{`
	`　　p.ani(0,___,800,600);`
	`　　pause(___);`
	`　}`
	`　p.cls().soundStop(); // 清除屏幕，停止背景音乐`
	`　p.videoL(1," 国庆大阅兵 .mp4"); // 装入视频文件`
	`　p.videoPlay(___,-400,250,___,500,1,0.5); // 以宽为 800`
	高为 500 的窗口播放视频
	`　wait(300);`
	`　return 0;`
	`}`

以"国庆文艺晚会"或自己喜欢的内容为主题，收集至少6张图片，1个视频，1首歌曲，编程制作一个多媒体作品。

表23-6

要掌握的重点知识	是否过关		我还想学习这些知识
掌握利用 p.picL() 命令批量调入图片的方法	是□	否□	
理解 pause() 和 wait() 命令的异同	是□	否□	
掌握调入视频和播放视频的命令 p.videoL() 和 p.videoPlay()	是□	否□	
会编程创作含视频的作品	是□	否□	
我在这一课的学习中，共过了_____关			

 第24课 **重阳敬老**

——登高观日出

农历九月初九是我国的传统节日——重阳节。九九重阳，登高赏秋，感恩敬老。倡导全社会树立尊老、敬老、爱老、助老的风气，是我们义不容辞的责任。现在我们来编程制作一个"日出"的动画，以表对长辈的感恩之意。

图 24-1

你的家乡在重阳节还有哪些习俗？请在小组内交流分享。

一、作品构思

"日出"作品，是由高山图片和太阳构成：以一幅水墨画"高山"做背景，通过编程绘制出转动的太阳从高山后冉冉升起。欣赏着这样一幅栩栩如生的作品，让人仿佛身临其境，心旷神怡！

运行程序 24-1，欣赏《日出》（图 24-1）作品并思考：

1．太阳的初始位置大概在哪个位置比较合适？

2．如图 24-2 所示，叠加出太阳光芒的白色圆可以怎样绘制？

图 24-2

提前准备好一幅高山的水墨画背景图，在程序中把它显示在合适的位置，然后利用叠加的方法绘制出太阳，并控制太阳从高山后面适当的位置慢慢升起。具体步骤如表24-1所示。

表24-1

步骤	图形
第一步： 显示高山图片，绘制高山后的太阳	
第二步： 利用图形的叠加画出太阳光芒	
第三步： 将太阳旋转一定角度，利用循环实现太阳动态转动	
第四步： 在循环体中修改太阳的位置，实现太阳冉冉上升	

二、显示高山图片，绘制太阳

太阳从高山后面升起，因此可以在上图层显示高山图片，在中间图层绘制太阳。太阳由红色实心圆以及黄色实心圆构成。

完善并运行程序24-2，理解代码的执行过程，观察图形的变化，如表24-2所示。

表 24-2

程序	图形

// 程序 24-2
int main()
{
    p.speed(10).hide(); // 设置笔速为 10 并隐藏
    p.picL(1," 高山 .png");
    p.ani(___,1); // 在上图层显示高山图片
    p.moveTo(−100,−100); // 移笔到太阳初始位置
    p.oo(90,5).oo(45,1); // 画红、黄实心圆太阳
    return 0;
}	

三、绘制太阳光芒

用一圈白色的实心圆遮盖住黄色圆的一部分，通过叠加使黄色圆产生太阳光芒的效果，使太阳看起来更真实。

运行程序 24-3，理解太阳光芒的画法，如表 24-3 所示。

表 24-3

程序	图形

// 程序 24-3
int main()
{
    p.oo(90,5).oo(45,1); // 画红、黄色实心圆太阳
    for(int i=1;i<=10;i++) // 利用白色圆叠加出太阳光芒
    {
        p.up().fd(90).down().oo(28,15);
        p.up().bk(90).rt(360.0/10).down();
    }
    return 0;
}	

叠加太阳光芒的圆的颜色只能是白色吗？

四、实现太阳转动

画出太阳后，将画笔旋转一定角度，重复这个过程，从而实现太阳的转动效果，让太阳看起来更生动。

完善并运行程序24-4，理解代码的执行过程，观察图形的变化，如表24-4所示。

表24-4

程序	图形

`// 程序 24-4`
`int main()`
`{`
`  p.speed(10).hide(); // 设置笔速为 10 并隐藏`
`  p.rr(1000,1000,15); // 将画布初始化为白色`
`  for(int j=1;j<=300;j++)`
`  {`
`    … // 省略程序 24-2 代码`
`    p.rt(___); // 将画笔旋转一定角度`
`    wait(___);`
`  }`
`  return 0;`
`}`	

1．为什么要将画布初始化为白色？

2．画笔旋转角度的大小和等待时间的长短对动画效果有什么影响？

五、实现太阳冉冉升起

现实生活中太阳从高山后冉冉升起，即太阳的位置在不断变化。通过不断更改太阳的坐标来实现太阳升起的效果，使整个作品栩栩如生。

完善并运行程序 24-5，理解代码的执行过程，观察图形的变化，如表 24-5 所示。

表 24-5

程序	图形
| ```
// 程序 24-5
int main()
{
    … // 省略程序 24-1 代码
    p.rr(1000,1000,15); // 将画布初始化为白色
    for(int j=1;j<=300;j++)
    {
        p.moveTo(-100+j, _____); // 太阳从初始位置（-100,-100）开始，缓缓上升
        … // 省略程序 24-3 代码
    }
    return 0;
}
``` | |

1．太阳升起时天空的颜色号是 8，如图 ，可以用（　　）来叠加出光芒。

A．p.o(28,5);　　　　　　　　B．p.oo(28,5);

C．p.oo(28,8);　　　　　　　　D．p.o(28,8);

2．完善程序 24-6，使太阳出现在画面右上角，如表 24-6 所示。
```

表 24-6

程序	图形

``cpp
// 程序 24-6
int main()
{
    p.speed(10).hide();
    p.picL(1," 高山 .png");
    p.ani(1,1);
    p.rr(1000,1000,15);
    p.moveTo(_____,_____);
    p.oo(90,5).oo(45,1);
    for(int i=1;i<=10;i++)
    {
        p.up().fd(90).down().oo(28,15);
        p.up().bk(90).rt(360.0/10).down();
    }
    return 0;
}
``
	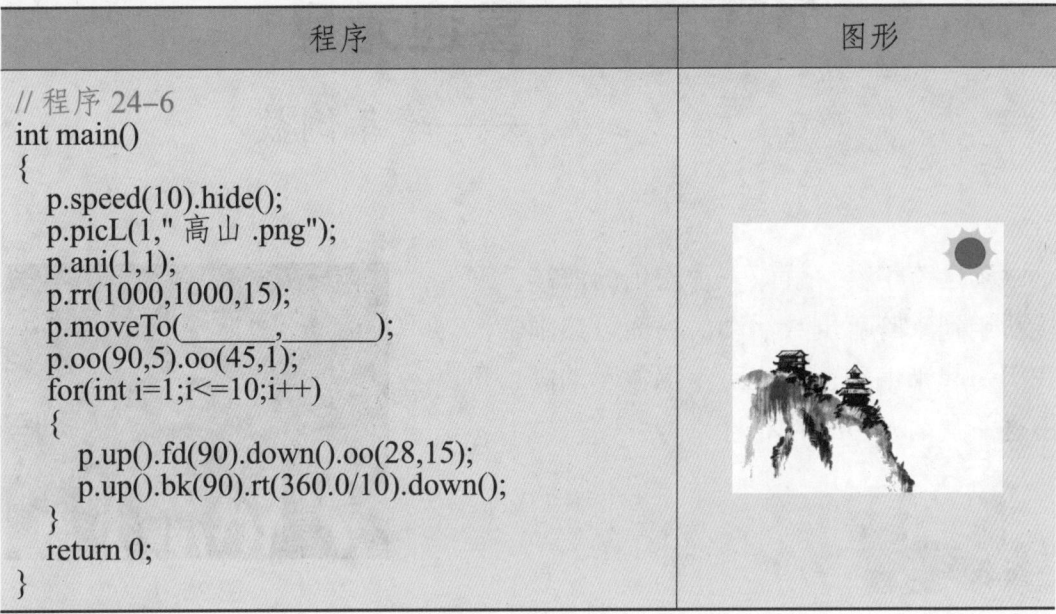

编写程序，设计一幅有创意的日出动画。

表 24-7

要掌握的重点知识	是否过关		我还想学习这些知识
掌握实现图形转动的方法	是□	否□	
掌握图形叠加产生新效果图的方法	是□	否□	
能利用循环不断改变图形的坐标实现图形移动效果	是□	否□	
初步掌握编程实现动画效果的方法	是□	否□	
我在这一课的学习中，共过了_____关			

走进 GoC 的编程世界

第25课 喜迎元旦
——跨年倒数

元旦跨年夜，就像一片欢乐的海洋。迎接新年到来跨年倒数活动，场面可热闹啦。我们一起来编程创作"跨年倒数"动画，重温这一激动人心的时刻。

图 25-1

为庆祝元旦，学校会举办什么活动呢？请与同学们分享交流一下。

一、作品构思

跨年倒数是一个既兴奋又充满期待的活动，既是对过去一年的回顾，又是对新一年的希冀。使用人们在夜空中欢呼的背景图，配合倒数音频与烟花音频，加上炫目的数字和烟花图片，烘托节日来临的气氛，重现跨年倒数的热闹场景。

运行程序 25-1，欣赏《跨年倒数》动画并思考：

1．制作"跨年倒数"动画需要什么素材？

2．如何用 for 循环语句实现倒数？

准备 1 张背景图片、10 张倒数数字图片、3 张不同烟花图片、倒数和放烟花的音频。作品创作时，先显示背景图片，再播放倒数音频，然后在中间图层连续显示倒数数字图片形成动画，倒数结束播放烟花音频，并在上图层连续显示烟花图片形成烟花播放动画。具体步骤如表 25-1 所示。

170

表 25-1

步骤	图形
第一步： 导入相关素材，显示背景图	
第二步： 通过循环语句和图层命令，实现倒数效果	
第三步： 通过图层命令，制作放烟花动画	

二、导入素材，显示背景

音频与图片完美配合，能进一步营造跨年倒数的真实感。这里需要先调入夜空中舞动的背景图片、数字图片和烟花图片，再调入众人齐声倒数与放烟花音频素材，并将背景图片显示出来。

运行程序 25-2，理解程序，如表 25-2 所示。

表 25-2

程序	图形
``// 程序 25-2
int main()
{
p.hide();
p.picL(0,"yuandan.png"); // 调入背景图片
p.picL(1,10,"a.png",1); // 调入倒数数字图片
p.picL(11,13,"yan.png",1); // 调入烟花图片
p.soundL(1,2,"daojishi.mp3,yanhua.mp3");
// 调入倒数和放烟花音频
p.moveTo(0,0).pic(0,800,800); // 显示背景图片
return 0;
}```	

三、制作倒数动画

最后 10 秒的倒数虽然看起来短暂，但却是最激动人心的时刻。这里通过循环切换不同数字的图片，实现倒数动画。

完善并运行程序 25-3，制作倒数动画，如表 25-3 所示。

表 25-3

程序	图形

``// 程序 25-3
int main()
{
  … // 省略程序 25-2 代码
  p.sound(1); // 播放倒数音频
  for(int i=0;i<___;i++)
  {
    p.moveTo(0,0).ani(0,0,800,600);
    p.moveTo(0,170).pic(10-___);
// 显示倒数数字图片
  }
  return 0;
}```

如果将程序 25-3 中显示倒数图片命令改为"pic(i)"，结果有何不同？

四、放烟花贺元旦

倒数结束后，通过图层命令实现 3 张炫目的烟花图片交替出现，再加上逼真的烟花音频效果，烘托出新年到来的欢乐气氛！

完善并运行程序 25-4，制作烟花效果，如表 25-4 所示。

表 25-4

程序	图形
| ```
// 程序 25-4
int main()
{
    … // 省略程序 25-3 代码
    p.sound(2);
    for(int i=0;i<12;i++) // 制作烟花动画
    {
        p.ani(1,___,800,800);
        wait(1);
        p.ani(1,___,800,800);
        wait(1);
        p.ani(1,___,800,800);
        wait(1);
    }
    return 0;
}
``` | |

显身手

1．下面哪个语句能按顺序输出 5，4，3，2，1，0？（　　　）

A．for(int i=0;i<=5;i++)
　　p.text(i,1,100).fd(100);

B．for(int i=5;i<=0;i++)
　　p.text(i,1,100) .fd(100);

C．for(int i=0;i<=5;i++)
　　p.text(5-i,1,100).fd(100);

D．for(int i=5;i<=0;i++)
　　p.text(5-i,1,100).fd(100);

2．元旦来了，春节就不远了。完善程序 25-5，实现春节倒计时，如表 25-5 所示。

表 25-5

程序	图形
| ```
// 程序 25-5
int main()
{
    p.hide();
    p.picL(0,2,"rili.png",1);
    for(int i=0;i<__;i++)
    {
        p.ani(0,___);  wait(0.1);
        p.ani(0,1);  wait(0.1);
        p.ani(0,2); wait(0.1);
        p.text(___-i,15,100);
        wait(0.5);
    }
    return 0;
}
``` | |

创意园

中国航天成就令世界瞩目，我们深感自豪。请用表 25-6 中的素材制作"火箭发射"倒数动画，重温这一盛况。

表 25-6

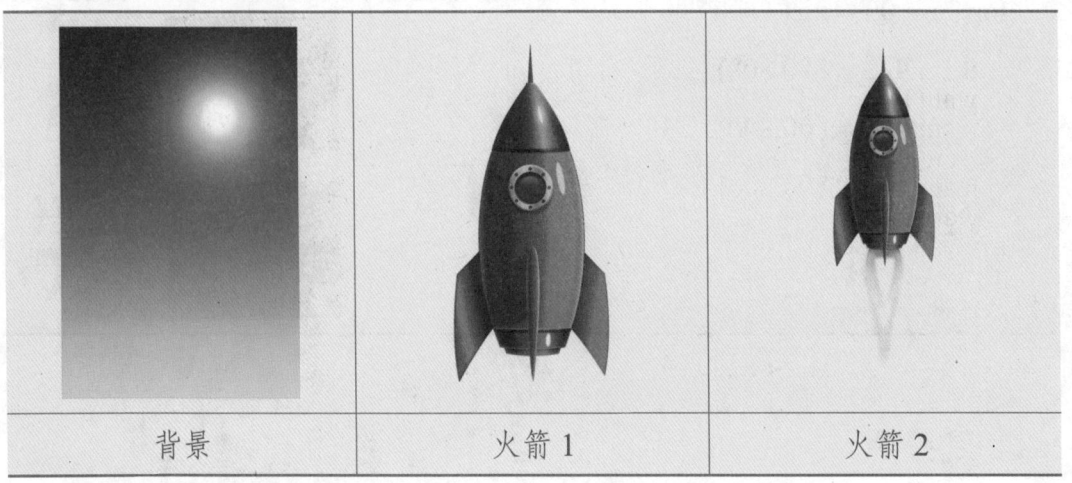

背景	火箭 1	火箭 2

评价栏

表 25-7

要掌握的重点知识	是否过关		我还想学习这些知识
掌握用 for 循环语句命令实现倒数的方法	是□	否□	
掌握用 ani 命令实现动画效果的方法	是□	否□	
能运用所学知识编程创作简单的倒数类动画	是□	否□	
我在这一课的学习中，共过了_____关